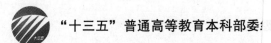"十三五"普通高等教育本科部委级

羊毛衫设计与 CAD 应用

李学佳　编著

中国纺织出版社有限公司

内 容 提 要

本书介绍了羊毛衫产品的分类、羊毛衫生产工艺流程及羊毛衫的生产设备;讲解了羊毛衫产品的组织、配色、款式、工艺及制版设计;阐述了羊毛衫产品 CAD 设计基础,讲解利用 Adobe Illustrator 及 Adobe Photoshop 等通用软件进行羊毛衫款式、配色等方面的设计;讲解利用羊毛衫工艺辅助设计软件进行羊毛衫工艺设计的方法和过程;介绍羊毛衫花型制版系统,详细讲解羊毛衫花型程序的制作;并对羊毛衫产品的成衣整理等进行了介绍。在教材中配有与理论知识相对应的实训项目,以提高学生的独立思考能力和实践动手能力。

本书可供纺织服装院校的纺织、服装、轻化等专业作为教材使用,同时也可供羊毛衫行业的工程技术人员、管理人员、营销人员和个体羊毛衫生产者阅读参考。

图书在版编目(CIP)数据

羊毛衫设计与 CAD 应用/李学佳编著 . --北京:中国纺织出版社有限公司,2021.1
"十三五"普通高等教育本科部委级规划教材
ISBN 978-7-5180-8045-8

Ⅰ.①羊… Ⅱ.①李… Ⅲ.①羊毛制品-毛衣-计算机辅助设计-AutoCAD 软件-高等学校-教材 Ⅳ.①TS184.1-39

中国版本图书馆 CIP 数据核字(2020)第 205351 号

责任编辑:孙成成 特约编辑:施 琦
责任校对:王蕙莹 责任印制:王艳丽

中国纺织出版社有限公司出版发行
地址:北京市朝阳区百子湾东里 A407 号楼 邮政编码:100124
销售电话:010—67004422 传真:010—87155801
http://www.c-textilep.com
中国纺织出版社天猫旗舰店
官方微博 http://weibo.com/2119887771
北京通天印刷有限责任公司印刷 各地新华书店经销
2021 年 1 月第 1 版第 1 次印刷
开本:787×1092 1/16 印张:19
字数:250 千字 定价:68.00 元

凡购本书,如有缺页、倒页、脱页,由本社图书营销中心调换

前言
PREFACE

　　针织业是纺织工业的重要组成部分，随着人们生活水平和文化品位的日益提高，着装理念也在发生着巨大的变化。传统上注重结实耐穿、防寒保暖等性能，而如今人们更崇尚运动休闲、舒适合体、个性时尚。羊毛衫外衣化、时尚化及多样化的发展趋势迎合了人们的这些需求。为顺应这一形势的发展，越来越多的纺织高等院校开设了羊毛衫类课程，以便为针织毛衫企业培养更多的人才。

　　羊毛衫属于成形类针织服装，在针织服装行业中独具一格，具有举足轻重的地位。所谓成形编织就是指在编织过程中就形成具有一定尺寸和形状的成形或半成形衣坯，可以不进行裁剪或只需进行少量裁剪就能缝制成所要求的服装。随着机械及电子技术的发展，全成形羊毛衫的编织已经成为现实。传统的羊毛衫设计方法和手段已经远远不能满足羊毛衫企业发展及消费者穿着品位提升的需求。目前，羊毛衫类的教材多介绍的是基础知识及传统的设计方法，而对新的计算机辅助设计方法讲解甚少。在信息化及智能化高度发达的今天，这显然不能很好地满足人才培养的需求。为了使我们培养的人才能更好地满足社会需求，适应羊毛衫行业的快速发展，特编写了本教材，以期为羊毛衫行业的发展做出微薄贡献。

　　本教材内容丰富、结构完整、自成体系，而且在编写上有所突破、有所创新，尽力做到教材先进性、前瞻性、通用性和实用性的有机统一。教材的编写得到启源针织有限公司郭宏总经理以及江苏金龙公司张海东工程师等人的大力支持和帮助，在此表示感谢。

　　教材编写同时参阅了大量国内外针织服装方面的文献和教材，对这些编著者谨致谢意。并向所有关心、支持、帮助过本书写作的同志表示衷心的感谢。

　　针织服装业发展变化日新月异，新技术层出不穷，加之我们的水平和时间所限，书中难免存在疏漏和错误之处，希望专家、同行和读者给予谅解，并给予批评和指正。

编者

2020 年 5 月

目 录
CONTENTS

第一章 **羊毛衫设计概述** 001

第一节 羊毛衫基础知识 001

第二节 羊毛衫设计内容 013

第三节 羊毛衫编织设备 018

实训项目：针织横机的认识与操作 040

第二章 **羊毛衫 CAD 基础** 042

第一节 Illustrator CS6 制图基础 042

第二节 Photoshop CS6 制图基础 053

第三节 富怡毛衫工艺 CAD 基础 070

第四节 琪利毛衫工艺 CAD 基础 085

第五节 琪利毛衫制版 CAD 基础 106

第三章 **羊毛衫组织设计** 115

第一节 基本及变化组织设计 115

第二节 花式组织设计 119

第三节 复合组织设计 126

实训项目一：基本组织设计与上机 130

实训项目二：花式组织设计与上机 131

第四章 **羊毛衫色彩设计** 132

第一节 羊毛衫配色设计 132

第二节 羊毛衫图案设计 137

实训项目一：羊毛衫织物配色设计 150

实训项目二：羊毛衫织物图案设计 151

第五章 **羊毛衫款式设计** 152

第一节　羊毛衫轮廓造型 152

第二节　羊毛衫衣片结构 157

第三节　羊毛衫款式设计 163

实训项目一：羊毛衫款式图的制作 174

实训项目二：羊毛衫规格尺寸设计 174

第六章 **羊毛衫工艺设计** 176

第一节　羊毛衫工艺设计基础 176

第二节　羊毛衫工艺设计实例 179

第三节　富怡毛衫工艺 CAD 设计 198

第四节　琪利毛衫工艺 CAD 设计 221

实训项目：羊毛衫工艺设计与上机 237

第七章 **羊毛衫制版设计** 239

第一节　基本组织织物制版设计 239

第二节　花式组织织物制版设计 245

第三节　羊毛衫工艺单成形设计 263

第四节　羊毛衫制版 CAD 实例 275

实训项目：羊毛衫花型制版与上机 279

第八章 **羊毛衫成衣设计** 280

第一节　成衣工艺流程 280

第二节　羊毛衫的缝合 281

第三节　羊毛衫的整理 289

第四节　成衣工艺实例 294

实训项目：羊毛衫成衣设计与上机 297

参考文献 298

第一章　羊毛衫设计概述

第一节　羊毛衫基础知识

一、羊毛衫概念及分类

（一）羊毛衫概念

羊毛衫属于针织产品，针织分手工针织和机器针织两类。手工针织使用棒针进行编织，历史悠久，技艺精巧，花型灵活多变，在民间得到广泛流传和发展。羊毛衫是用毛型纤维作为原料编织而成的成形或半成形针织服装，其特点是延伸性强、弹性足、穿着舒适、行动方便。动物纤维类的产品经过缩绒处理，使织物表面覆盖一层短密的绒毛，产生手感柔软、丰满、保暖和经久耐磨等服用性能，深受消费者喜爱。

（二）羊毛衫分类

羊毛衫的种类丰富多彩，可以从所用原料、纺纱工艺、织物组织、款式特征、穿着用途、编织机械、修饰花型及整理工艺等几个方面进行分类。

1. 从所用原料分类

（1）净纯毛类：山羊绒、绵羊绒、驼绒、牦牛绒、兔毛、羊毛、羊仔毛（短毛）等纯毛类羊毛衫。

（2）杂纯毛类：各种纯毛的混纺和交织，如驼毛/羊毛、兔毛/羊毛、牦牛毛/羊毛等的混纺或交织类羊毛衫。

（3）毛、化纤混纺及交织类：各类毛与化学纤维的混纺和交织，如羊毛/化纤（毛/腈纶、毛/黏胶纤维、毛/Tencel 纤维、毛/牛奶纤维）、羊绒/大豆蛋白纤维、羊仔毛/竹纤维、马海毛/甲壳素纤维、兔毛/化纤、驼毛/化纤等的混纺或交织类羊毛衫。

（4）净纯化纤类：羊毛衫所用原料为纯化学纤维，如腈纶、涤纶、锦纶、Tencel 纤维、大豆蛋白纤维、竹纤维等。

（5）杂纯化纤类：各种化学纤维间的混纺和交织，如腈纶/Tencel 纤维、锦纶/竹纤维等的混纺或交织类羊毛衫。

2. 从纺纱工艺分类

（1）精纺类：由精纺纯毛、混纺或化纤纱编织成的各种产品，如精纺羊绒衫、精纺羊毛衫等。

（2）粗纺类：由粗纺纯毛或混纺毛纱编织成的各种产品，如羊绒衫、羊仔毛衫、驼毛衫、兔毛衫等。

（3）花式纱线类：由双色纱、大珠绒、圈圈线等花式针织绒线编织而成的产品，如大珠绒衫、小珠绒衫等。

3. 从织物组织分类

（1）基本组织：羊毛衫基本组织包括纬平针、罗纹和双反面。

（2）花式组织：羊毛衫花式组织主要有提花、抽条、挑花、绞花、波纹（扳花）、集圈（胖花、单元宝、双元宝）等。

（3）复合组织：羊毛衫复合组织主要有罗纹半空气层（三平）、罗纹空气层（四平空转）、法式点纹、瑞士点纹等。

4. 从款式特征分类

羊毛衫的款式主要有开衫、套衫、背心、裙装、羊毛裤、针织套装、针织时装以及围巾、披肩、风雪帽等装饰性的针织毛衫产品。

5. 从穿着用途分类

羊毛衫按用途可以分为内衣、中衣和外衣。内衣紧贴人体，起保护、保暖、整形的作用；中衣位于内衣之外、外衣之内，主要起保暖、护体的作用，也可以作为家居服穿用；外衣由于穿着场合的不同，羊毛衫品种很多，用途各异，主要有日常服、工作服、社交服、运动服、休闲服等。

6. 从编织机械分类

针织羊毛衫的编织主要采用横机编织，也有少部分采用圆机编织，其中横机主要有普通横机和电脑横机。圆机包括单针筒圆机和双针筒圆机，以及提花圆机等。

7. 从修饰花型分类

羊毛衫的修饰花型主要有绣花、扎花、贴花、植绒、簇绒、印花、扎染、手绘花型等。

8. 从整理工艺分类

羊毛衫的整理工艺主要有染色、拉绒、轻缩绒、重缩绒、各种特殊整理（防起毛起球、防缩、阻燃、砂洗）等。现在，随着现代科学技术的不断进步，纳米整理技术已经越来越被人们关注，由此而发展起来的抗菌、防蛀、防螨、抗紫外线、抗远红外线、防水、防油、防污、自洁等纳米整理技术也不断成熟。

针织羊毛衫除了上述几种分类方法外，还可以按照消费者的性别、年龄和服装档次等进行分类。

二、羊毛衫的生产工艺过程

羊毛衫生产工艺流程为：原料准备→横机织造→（少量裁剪）→缝制→整理→检验→

包装→入库。

（一）准备工序

根据产品的款式、配色，选择纱线原料以及纱线细度、织物的组织结构并确定产品纱线使用量等。纱线原料入库之后，由专门的测试部门测试试样，对纱支线密度、条干均匀度等项目进行检验，检验合格后方能投入生产，与此同时确定编织机的类型和机号。

（二）编织工序

进厂的纱线若为绞纱形式，需经过络纱工序，使之成为适宜针织横机编织的卷装，编织后的半成品衣片经检验进入成衣工序。

（三）成衣工序

成衣车间按工艺要求通过机械或手工缝合等方法来连接服装的领、袖、前片、后片以及纽扣、口袋等，有的还用湿整理方法、绣花的方法加以修饰，使成衣具有一定的风格和特色。

（四）检验工序

对羊毛衫成衣产品进行质量检验，并对其进行分等处理。

（五）包装入库工序

需考虑产品所采用的商标形式及包装方式等，产品包装入库并准备进入销售过程。

三、羊毛衫用纱及其准备

（一）羊毛衫用纱的种类

1. 根据纱线原料的不同分类

根据纱线原料的不同，可分为传统的动物毛、化学纤维和棉的纯纺纱线以及混纺纱线，以及毛/麻混纺纱线、毛/绢丝混纺纱线等。随着纺织科学和技术的进步，Tencel 纤维、Model 纤维、大豆蛋白纤维、竹纤维等高技术、绿色环保的新型纱线也被列入羊毛衫的用纱范围，它们通常与各种动物毛纤维纺成混纺纱使用。

2. 根据纱线形态的不同分类

根据纱线形态的不同，可分为普通纱线、膨体纱线和花式纱线。普通纱线和膨体纱线是羊毛衫生产中最常用的纱线，而花式纱线近来也越来越多地在羊毛衫的生产中使用。

3. 根据纺纱过程的不同分类

根据纺纱过程的不同，可分为精纺纱和粗纺纱两类。精纺纱是将原料按精纺工艺流程加工而成的各种纯毛、混纺或化纤纱。粗纺纱是将原料按粗纺工艺流程加工而成的各种纯毛、混纺或化纤纱。

（二）毛纱的品号和色号

1. 毛纱的品号

毛纱（即绒线）的品号在商业部门称为货号，品号由四位阿拉伯数字组成。品号的第一位数字表示绒线的纺纱方法和类别；品号的第二位数字表示绒线中所含纤维的种类；第三位和第四位数字代表绒线中单股纱的线密度（公制支数）。例如品号 2826 表示精纺针织绒线，纯化纤纱，其单股毛纱线密度为 26 公支（38.5tex），此绒线（两根单纱合股）的线密度为 13 公支（77tex）。

2. 毛纱的色号

羊毛衫厂目前使用的毛纱大多数为有色纱，即使是白纱，成衫后所染的颜色，往往也有一个规定的色彩代号来表示其为何种颜色；况且在同一色谱中，也有颜色深浅不同的区别，如红色谱里就有大红、血红、暗红、紫红、枣红、玫瑰红、桃红、浅红、粉红、浅粉红等，有的多达十几种。由于纤维的特性不同，即使是同一种颜色的染料，染色后也有差异，为此需要有一个统一的代号和称呼来加以区分。目前是采用统一的对色版（简称色版或色卡）来统一对照比色，全称为"中国毛针织品色卡"。

毛纱的色号由一位拉丁字母和三位阿拉伯数字组成。色号的第一位为拉丁字母，表示毛纱所用的原料；色号的第二位用阿拉伯数字表示毛纱的色谱类别；色号的第三、第四位数字表示相同色谱中颜色的深浅。例如色号 N001 表示羊毛纯纺毛线，白色谱系，色谱中最浅的一种。

（三）羊毛衫用纱的准备

1. 用纱准备

利用不同的络纱机械改变毛纱不适宜编织的卷装形式（绞纱），将毛纱重新卷绕成适合编织生产使用的各种筒子纱。在络纱过程中，利用络纱机上的清纱装置清除毛纱表面的疵点和杂质，如结子、瘤节、大肚纱以及外来的杂质、草屑等。利用上蜡装置对毛纱表面上蜡或利用给油装置给油来改善毛纱的光滑度和柔软度。

2. 卷装形式

络纱筒子的卷绕分为平行卷绕和交叉卷绕两种形式。筒子的卷装形式主要有三种：瓶形筒子、圆锥形筒子和三截头圆锥形筒子。

四、羊毛衫织物的特点及指标

（一）羊毛衫织物的特点

1. 毛类

精纺类羊毛衫织物的综合特点是平整、挺括、针路清晰。粗纺类羊毛衫织物，毛绒感强，手感柔软，具有较好的保暖性和透气性。

2. 化纤类

化纤类毛衫织物的共同特点是较轻，回潮率较低，纤维断裂强度比毛纤维高，不会虫蛀，但其弹性恢复率低于羊毛，保形性不及纯毛毛衫，也比较容易起球、起毛和产生静电。

3. 混纺或交织类

混纺或交织类毛衫具有各种动物毛和化学纤维的"互补"特性，其外观有毛感，抗拉强度得到改善，降低了毛衫成本，物美价廉。但在混纺毛衫中因不同纤维的上染、吸色能力不同，故染色效果不理想。

(二) 羊毛衫织物的指标

1. 线圈长度

羊毛衫织物的线圈长度是指每—只线圈的纱线长度，由线圈的圈干及沉降弧线段所组成，一般以毫米（mm）为单位。

线圈长度不仅与羊毛衫织物的密度有关，而且对织物的脱散性、延伸性、柔韧性、透气性、保暖性、耐磨性、强力以及抗起毛起球性和抗勾丝性等性能也有很大影响，故为羊毛衫织物的一项重要物理指标。

2. 密度

（1）横向密度：简称横密。横向密度是指在线圈横列方向规定长度（100mm）内的线圈纵行数。以下式计算：

$$P_A = \frac{100}{A}$$

式中：P_A——横向密度，线圈纵行数/10cm；

$\quad\quad A$——圈距，mm。

在纱线线密度不变的情况下，P_A越大，则织物横向越紧密。

（2）纵向密度：简称纵密。纵向密度是指在线圈纵行方向规定长度（100mm）内的线圈横列数。以下式计算；

$$P_B = \frac{100}{B}$$

式中：P_B——纵向密度，线圈横列数/10cm；

$\quad\quad B$——圈高，mm。

在纱线线密度不变的情况下，P_B越大，则织物纵向越紧密。

（3）总密度：简称总密，表示单位面积（10cm×10cm）内的线圈数，以 P 表示。

$$P = P_A \times P_B$$

在纱线线密度不变的情况下，P 越大，则织物越紧密。

3. 密度对比系数

羊毛衫织物横向密度与纵向密度的比值，称为密度对比系数。用下式表示；

$$C = \frac{P_A}{P_B}$$

式中：C——密度对比系数。

由定义可知，C 值表示了织物中线圈的形态。C 值越大，则织物横向密度越大，即线圈越窄而长；C 值越小，则织物横向密度越小，即线圈越宽而短。密度对比系数与线圈长度、纱线线密度以及纱线性质有关。

4. 未充满系数

未充满系数表示羊毛衫织物在相同密度条件下，纱线线密度对其稀密程度的影响，未充满系数为线圈长度与纱线直径的比值。

$$\delta = \frac{l}{d}$$

式中：δ——未充满系数；

l——线圈长度，mm；

d——纱线直径（可通过理论计算求得），mm。

由定义可知，在纱线直径一定的前提下线圈长度越长，未充满系数 δ 的值就越大，表明织物中未被纱线充满的空间越大，织物就越稀松。

5. 编织密度系数

编织密度系数又称覆盖系数，表示羊毛衫织物中纱线的覆盖程度。其计算公式为：

$$T_F = \frac{\sqrt{T_t}}{l}$$

式中：T_F——编织密度系数；

T_t——毛纱的线密度，tex；

l——线圈长度，mm。

6. 单件重量

羊毛衫的单件重量是指单件羊毛衫（包括附属用料）在达到公定回潮率时的重量，计算精确至两位小数。它是羊毛衫成品检验通常需考核的指标之一。

$$G_0 = \frac{G_1(1 + W_0)}{1 + W_1}$$

式中：G_0——公定回潮时的单件重量，g/件；

G_1——每件实际重量，g/件；

W_0——公定回潮率；

W_1——实际回潮率。

7. 厚度

羊毛衫织物的厚度取决于它的组织结构、线圈长度和纱线线密度等因素，一般以厚度方向上有几根纱线直径来表示。在实验室通常利用厚度仪直接测出羊毛衫织物的厚度（单位为 mm）。

8. 丰满度

用单位重量的羊毛衫织物所占有的容积来表示丰满度,所占有的容积越大,坯布的丰满度就越好。丰满度用下式来表示:

$$F = \frac{T}{W} \times 10^3$$

式中:F——织物的丰满度,cm^3/g;

　　　W——标准状态时织物单位面积的重量,g/m^2;

　　　T——织物的厚度,mm。

从物理意义上讲,丰满度即织物的比容积,在一定程度上,它的大小反映出织物手感的好坏。

9. 脱散性

羊毛衫织物的脱散是指当织物中纱线断裂或线圈失去串套联系后,线圈和线圈相分离的现象。当纱线断裂后,线圈纵行从断裂纱线处脱散下来,就会使羊毛衫织物的强度和外观受到影响。羊毛衫织物的脱散性与织物的组织结构、纱线的摩擦系数、织物的未充满系数、织物的密度和纱线的抗弯刚度等因素有关。

10. 卷边性

在自由状态下,某组织的羊毛衫织物,其边缘发生包卷的现象称为卷边。这是因为线圈中弯曲的纱线具有内应力,力图伸直而引起卷边。卷边性与织物的组织结构、纱线的弹性、纱线线密度、捻度、线圈长度以及织物密度等因素有关。

11. 延伸性

羊毛衫织物的延伸性是指织物受到外力拉伸时的伸长特性。它与织物的组织结构、线圈长度、纱线性质、织物密度、纱线线密度等因素有关。羊毛衫织物的延伸性可以分为单向延伸性和双向延伸性两种。

12. 弹性

羊毛衫织物的弹性是指当引起变形的外力去除后,织物恢复原状的能力。它取决于织物的组织结构、纱线的弹性、纱线的摩擦系数和织物的紧密程度等。

13. 断裂强力与断裂伸长率

羊毛衫织物在连续增加的负荷作用下,至断裂时所能承受的最大负荷,称为断裂强力,用牛顿(N)来表示;织物断裂时的伸长量与原来的长度之比,称为织物的断裂伸长率,用百分比表示。它们与织物的组织结构、线圈长度、纱线性质、织物的紧密程度、纱线的线密度等因素有关。

14. 顶破强度

羊毛衫织物在连续增加的负荷作用下,至顶破时所能承受的最大负荷,称为顶破强度,用牛顿(N)来表示。它是羊毛衫成品检验通常考核的指标之一。

15. 柔韧性

柔韧性是表示羊毛衫织物在服用过程中织物下垂变形、合体情况的性质。柔韧性与纱线的抗弯刚度、织物的组织结构、织物的密度等因素有关。

16. 透气性

透气性是指羊毛衫织物在服用过程中空气穿过织物的难易程度。透气性与纱线的线密度、几何形态以及织物的密度、厚度、丰满度、组织结构、表面特征、染整后加工等因素有关。

17. 保暖性

保暖性是指羊毛衫织物在服用过程中保持温度、抵御寒冷的能力。保暖性与纱线的物理性质及织物的密度、厚度、丰满度、组织结构、表面特征、染整后加工等因素有关。

18. 缩率

羊毛衫织物的缩率，是指织物在加工或使用过程中长度和宽度的变化。它可以由下式求得：

$$Y = \frac{H_1 - H_2}{H_1} \times 100\%$$

式中：Y——织物的缩率；

H_1——织物原来的尺寸；

H_2——织物收缩后的尺寸。

羊毛衫织物的缩率可有正值和负值，如横向收缩而纵向增长，则横向收缩率为正值，纵向收缩率为负值。

19. 耐磨性

服用过程中，与其他物体相摩擦时，保持织物强度较少减弱和织物外观较小变化的能力。耐磨性与纱线的机械性质及织物的组织结构、密度、厚度等因素有关。

20. 耐老化性

耐老化性是指羊毛衫织物在服用过程中耐日光、风、雨、紫外线等的能力。耐老化性与纱线的物理化学性质及织物的颜色、密度、厚度、表面状况等因素有关。

21. 勾丝和起毛起球

羊毛衫织物在服用过程中，如碰到尖硬的物体，织物中的纤维或纱线就会被勾出，在织物表面形成丝环，称为勾丝。羊毛衫织物在穿着和洗涤过程中不断经受摩擦，织物表面的纤维端就会露出于织物表面而起毛。若这些起毛的纤维端在穿着过程中不能及时脱落，就会互相纠缠在一起形成球形小粒，通常称为起球。影响勾丝和起毛起球的因素很多，主要有织物所用原料的性质、纱线的结构、织物的组织结构、染整加工及成品的服用情况等。

五、羊毛衫织物组织的表示方法

为了便于分析、设计、上机编织、记录结果等工作需要，常用线圈结构图、意匠图及编织图等方法表示羊毛衫织物组织结构和编织过程。组成织物的最小循环单元称为完全组织，无论用哪种方法表示，都应画出一个完全组织。在表 1-1-1 中列举了常用羊毛衫组织的表示方法。

表 1-1-1　常用羊毛衫织物组织的表示方法

序号	结构说明	线圈图	意匠图	编织图
1	正面线圈 （前针编织）			
2	反面线圈 （后针编织）			
3	移圈（挑孔）			
4	移圈线圈在面			
5	移圈线圈在底			

序号	结构说明	线圈图	意匠图	编织图
6	三线圈重叠，右针移圈线圈在面			
7	三线圈重叠，左针移圈线圈在面			
8	三线圈重叠，中间线圈在面			
9	三列线圈移圈，移圈线圈在底			
10	三列线圈移圈，移圈线圈在面			
11	多列线圈移圈			

续表

序号	结构说明	线圈图	意匠图	编织图
12	多列线圈移圈			
13	多列线圈移圈			
14	泡泡纱			
15	前针床集圈			
16	后针床集圈			
17	前针床浮线			

续表

序号	结构说明	线圈图	意匠图	编织图
18	后针床浮线			
19	绞花（扭绳）右边线圈在面			
20	绞花（扭绳）左边线圈在面			
21	右半移（同针床）			
22	右半移（不同针床）			

（一）线圈结构图

线圈结构图简称线圈图，是指用图解的方法将线圈在织物中的形态描绘下来。根据需要，描绘织物的正面或者反面线圈形态。线圈结构图的特点是直观、繁杂，适用于简单组织。

（二）意匠图

意匠图是将织物内不同线圈组合的规律用规定的符号描绘到小方格纸上。将线圈的纵行和横列按编织的顺序，绘在具有一定比例的方格纸上。意匠图的特点是简单、方便，且能表示复杂的大花型。可以分为花纹意匠图和结构意匠图。花纹意匠图主要用来表示不同色彩线圈构成的提花组织，结构意匠图主要用来表示不同结构单元（线圈、集圈和浮线）构成的提花组织。

（三）编织图

编织图是将织物的横断面形态，按编织的顺序和织针的工作情况，用图形来表示的一种方法。编织图的应用范围非常广泛，一般来说所有的羊毛衫织物都可以用编织图来表示，而且编织图相当于对机器编织状态的模拟，通过编织图可以清楚地了解织物的编织方法和编织过程。

第二节 羊毛衫设计内容

羊毛衫产品设计是企业组织生产的关键，是企业占领市场、开拓市场的基础，是生产高附加值产品的前提，也是企业实现其经济效益的重要环节之一。这就要求产品设计者充分了解国内外原料资源和发展情况；了解各种原料的性能、品质及编织成各种织物的外观、手感及风格；了解现有设备的生产能力及性能；认真研究市场动态和花色款式的流行趋势，结合产品销售地区的习俗、体型、爱好，合理地选择原料种类和纱线的线密度、织物组织结构、配色、款式、辅料、修饰、缝纫工艺、后整理工艺等。设计出经济合理、有特色、有个性、有魅力的产品。

一、羊毛衫设计来源

羊毛衫的生产订单来源不同，订单实际操作情况也有所不同。按照毛衫企业的实际生产形式，订单工艺可分为来样设计、来单设计、改进设计和创新设计等。

（一）来样设计

通常是客户提供羊毛衫实样进行工艺制作，也称仿版。首先要对客户提供的实物羊毛衫认真研究，仔细分析，了解和掌握该样衣的原料品种、成分、纱支、线圈密度（针距）、织物结构、成衣尺寸、款式特点和套口缝纫方法等一系列信息。如表1-2-1所示为来样设计外贸单示例。

表 1-2-1 来样设计外贸单示例

××××××
YARN/GAUGE：14G Cotton and Wool Yarn 2/48′
CONTENTS：53% MERINO EXTRA FINE 47% COTTON
SAMPLE SIZE：Small
PREF COLOR：2 TONE（DARK，LIGHT）

	SAMPLE	ORIG. S	ACTUAL S	APP. S	Comments on proto
	DATE	11. 26. 07	12. 10. 07	12. 11. 07	
1	BODY LENGTH	24	24 1/2	24	
2	ACROSS SHOULDER	13 3/4	12 3/4	13 1/2	
3	ACROSS BACK	13	12 3/4	12 3/4	
4	ACROSS FRONT	13	12 1/2	12 3/4	
5	CHEST	16 3/4	16 1/4	16 3/4	
6	WAIST Measurement	14 3/4	14	14	
7	WAIST PLACEMENT	13 1/2	14 1/2	14	
8	LOW WAIST	×			
9	HIP DIAMOND	×			
10	BOTTOM HEM	1 1/2	1 1/2+1/4	1 1/2+1/4	
11	SLEEVE LENGTH	24 1/2	25 1/2	25 1/2	
12	SLEEVE INSEAM LENGTH	×	18 1/2	20	
13	ARMHOLE	7 1/2	8 1/2	8	

（二）来单设计

客户仅提供基本款式图及衣服尺寸，工艺师对文字和图片信息的理解深度决定了样衣成衣之后的效果。所以工艺师要对工艺单的原料品种、成分、纱支、线圈密度（针距）、织物结构、成衣尺寸、款式特点和套口缝纫方法等一系列信息，具备足够的常识储备。如表 1-2-2 所示为来单设计示例。

表 1-2-2 来单设计示例

原料: 100%羊绒		款式: 圆领套衫	版单日期:	客户	款号: C6
		结构: 局部提花	针数 12 针	设计师:	

A 尺码规格 (cm)	
B 身长 (领边度)	57
C 胸阔 (夹下 1cm)	41
D 肩阔 (缝至缝)	34
E 袖长 (肩点度)	56
F 夹阔 (斜度)	19
G 袖阔 (夹下 1cm)	14
H 袖咀阔	7
I 袖咀高	7
J 脚高	6
K 脚阔	39
L 领阔 (缝至缝)	20
M 前领深 (领边至缝)	11
N 后领深 (领边至缝)	2
O 领贴阔 (后中量)	1.5
P 胸贴阔	—
Q 腰阔 (领边落 35cm)	38
R 领顶阔 (外度)	—
S 前后胸阔	—
净重/毛重: 209/215g	
颜色: 黑色, 灰白色	

1. 袖身和前、后片都用灰白色单边组织
2. 提花花高 7cm, 花宽 5.5cm
3. 衫脚、袖口、图案提花均用黑色

袖咀	7cm 1×1 坑条黑色
衫脚	6cm 1×1 坑条黑色
领贴	0.8cm 圆筒 褐色+1.2 灰白色 1×1 坑条
胸贴	无

(三) 改进设计

羊毛衫的改进设计是对原有传统的羊毛衫产品进行优化、充实和改进的再开发设计

（图1-2-1）。所以改进设计就应该从考察、认识与分析现有产品的基础出发，对产品的"缺点""优点"进行客观的、全面的分析判断，对产品过去、现在与将来的使用环境与使用条件进行区别分析，在此基础上设计出受消费者喜爱的羊毛衫作品。

（1）原样款式效果　　　　　　　　　　（2）改进款式效果

图 1-2-1　改进设计

（四）创新设计

通常客户会提供一些手绘或电脑款式图（图1-2-2），用文字标注设计师想要达到的效果。此类工艺在生产中是最难做的，因为设计师本身是没有太多基本制作概念的，所以工艺师就得根据自己的经验与对设计的理解，采用最合理的制作工艺协助设计师完成他的作品。工艺师在作品中要对原料品种、成分、纱支、线圈密度（针距）、织物结构、成衣尺寸、款式特点和套口缝纫方法等一系列信息，提供具有建设性的意见。

图 1-2-2　创新设计

二、羊毛衫设计过程及内容

(一) 羊毛衫设计过程

羊毛衫产品设计中，从产品设想到完成进而到批量生产的一般过程如下：根据客户要求收集资料→酝酿构思→画出羊毛衫效果图→小样试织→确定编织、成衣及染整工艺→头样试织→修改编织、成衣及染整工艺→修改样试织→试织样品评审→建立工艺参数档案→批量试织→修改工艺参数→大批量生产→反馈信息。

(二) 羊毛衫设计内容

1. 羊毛衫产品款式设计

款式设计是羊毛衫产品设计的基础和依据。它要求设计者在充分研究市场的基础上，综合考虑体现服装效果的因素，即何时穿用（穿着的季节和时间），何地穿着（穿着的场合和环境），何种目的（穿用的目的及体现风格），何人穿用（穿用者的年龄和职业等），如何实现（可用何种方式和手段等来达到设计的效果）。在统一和谐的原则下，把每种个体有机地结合，汇聚成一个整体。通过对羊毛衫廓型、领型、腰型、肩型、边口、装饰等方面的设计，来体现羊毛衫产品的风格、旋律及艺术性的效果。

2. 配色设计及花型设计

颜色是羊毛衫服装的重要属性。对于服装来说，给人的第一感觉是其色彩及花型。因此颜色的选择及配色、花型的设计，在羊毛衫产品设计中起着举足轻重的作用。它是羊毛衫产品设计的重要内容。

3. 羊毛衫产品细部规格尺寸的设计

根据造型设计的要求，结合穿用者体型的尺寸和特点，对产品的各个细部尺寸规格进行系列设计。它是进行工艺设计计算和样板设计的依据。在确定规格尺寸的同时，还应注明（规定）各规格尺寸的丈量方法。

4. 原料选择、织物组织结构设计及机器型号和机号的选择

在选定了原料的种类、纱线线密度及织物组织结构之后，即可选择与纱线线密度相适应的机号，并选择能完成织物组织编织的机器型号和机号，从而确定完成羊毛衫产品编织的机器。

5. 生产工艺设计或样板设计

对于利用收放针在机器上进行成形编织的羊毛衫产品，要对其进行上机生产操作的工艺设计及计算；对于非成形编织的羊毛衫产品，则要对其进行产品的样板设计、制图及排料，以实现设计者的意图。

6. 投料与生产定额计算

通过对单件产品投料和生产定额的计算，可以便于企业了解产品的成本价格和劳动生产率，使经营者做到心中有数。

7. 羊毛衫产品附件设计

羊毛衫产品的附件在整个造型设计中作用较大，有时能起到"画龙点睛"的作用，且又具有实用性。

除上述内容外，羊毛衫产品设计的内容还包括成衣工艺设计、整理工艺设计、包装设计等多方面的内容。

第三节 羊毛衫编织设备

羊毛衫编织机分为圆机和横机两类。在羊毛衫编织过程中，采用圆机，生产效率较高，但是需要经过裁剪，故原料损耗较多，适宜于低档原料的大批量生产。采用横机，生产效率较低，劳动消耗多，但原料节省，适宜于高档或中档原料的小批量、多品种生产。

近年来，由于羊毛衫内衣外化，人们对羊毛衫花色品种的要求越来越高。由于横机具有小批量、多品种生产的优点，因此，当前在国内的羊毛衫生产中，横机是主要的生产设备，包括手动横机和电脑横机。

一、普通横机

（一）普通横机的基本结构

普通横机一般由以下几部分组成：编织机构、给纱机构、牵拉机构、传动机构、花型及控制机构以及机架等。

编织机构如图 1-3-1 所示，图中 1、2 分别为前、后针床，它们固装在机座 3 上。针床又称针板，在针床上铣有用于放置舌针的针槽。在针槽中装有前后织针 4 和 5。6、7、8 分别为导纱器 9 和前后三角座 10、11 的导轨。

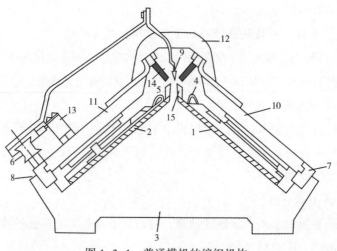

图 1-3-1 普通横机的编织机构

机头 12 由连在一起的前后三角座组成，它像马鞍一样跨在前后针床上，可沿针床往复移动，同时还可通过导纱器变换器 13 带动导纱器 9 一起移动。在机头上装有开启针舌和防针舌反拨用的扁毛刷 14。栅状齿 15 位于针槽壁上端，所有栅状齿组成了栅状梳栉，它作用于线圈沉降弧，起到类似沉降片的作用，在编织单面织物时尤为重要。

当推动机头横向移动时，前后针床上的织针针踵在三角针道的作用下，沿针槽上下移动，完成成圈过程的各个阶段。

（二）普通横机的编织原理

1. 机头

横机机头俗称龙头，也称游架、三角座、三角箱等。如图 1-3-2 所示。

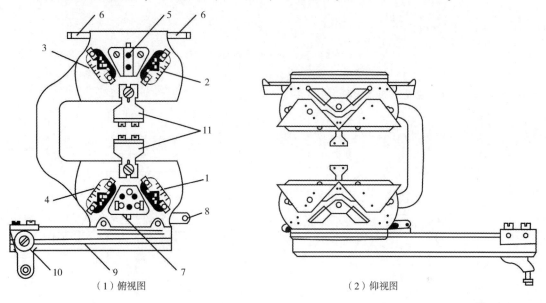

（1）俯视图　　　　　　　　　　（2）仰视图

图 1-3-2　普通横机的机头

机头一般是由灰铁铸成，呈马鞍形。它的主要作用是将前、后两组三角装置连成一体，在机械动力或人力的牵引下，在机头导轨中做往复运动，安装于其上的三角装置使针床上的织针做上升和下降运动，以完成编织成圈工作。机头的交角与机座的顶角吻合，一般为97°左右，前后对称。

图 1-3-2（1）为从上方向下看到的机头视图，其上装有前后三角座的压针三角调节装置 1、2、3 和 4，导纱器变换器 5，起针三角开关 6 和 7，起针三角半动程开关 8，拉手 9，手柄 10 和毛刷架 11。图 1-3-2（2）为从下方往上看到的三角座视图，在它的底板上装有组成前后三角座的三角块。

2. 三角

三角因实现功能的不同可分为平式三角和花式三角。平式三角是最基本、也是最简单的三角结构，如图 1-3-3（1）所示。它由起针三角 1 和 2、挺针三角 3、压针三角 4 和 5

以及导向三角（又称眉毛三角）6 组成。横机的三角结构通常都是左右完全对称的，从而可以使机头往复运动进行编织。压针三角可以按图中箭头方向上下移动进行调节，以改变织物的密度和进行不完全脱圈的集圈编织。若起针三角沿垂直于其平面的方向退出工作，则无法作用到针踵，织针将不参加工作，如图 1-3-3（2）所示。

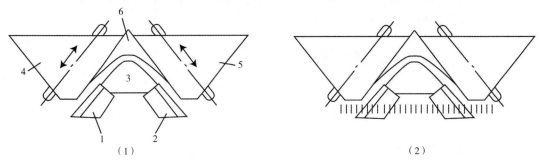

（1）　　　　　　　　　　　　　　　　（2）

图 1-3-3　平式三角结构

图 1-3-4 是二级花式横机的三角结构。

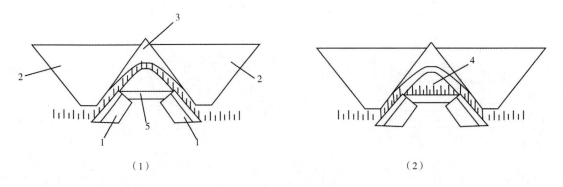

（1）　　　　　　　　　　　　　　　　（2）

图 1-3-4　花式三角结构

　　它的起针三角 1、弯纱（压针）三角 2、导向三角 3 与平式三角完全一样。挺针三角则由一块改为两块，分别为挺针三角 4 和横档三角 5。挺针三角 4 为活动三角，可以沿垂直于其平面方向进入和退出工作。横档三角 5 为固定三角，其作用是当挺针三角退出工作时，托住织针防止其下落。在图 1-3-4（1）中，各三角正常工作，所有织针参加编织。在图 1-3-4（2）中，起针三角正常工作，挺针三角退出工作。这时织针将不能沿挺针三角上升到成圈高度，只能上升到集圈高度形成集圈。

3. 成圈过程

　　横机编织时，是利用机头内编织三角组的移动，其斜面作用于舌针的针踵上，迫使舌针在针床的针槽内做纵向有规律的升降运动，而旧的线圈则在针杆上与舌针做相对运动，推动针舌开启或关闭来使线圈形成或脱出。当新的毛纱被放到舌针的针舌上后，针舌就在旧线圈作用下向上关闭，形成封闭的针口，促使新的纱线弯曲成新的线圈而与旧线圈串套起来，形成针织物。

横机的成圈过程可分为退圈、垫纱、闭口、套圈、弯纱、脱圈、成圈和牵拉八个阶段，在成圈过程中各阶段是有机联系的。

如图 1-3-5 所示为编织过程，机头从右向左运动，织针在针槽内做上下运动以完成成圈。如图中所示织针在起针三角 a 的作用下上升，进一步沿挺针三角 b 上升到退圈高度并进行垫纱，然后在导向三角 h 和压针三角 i 的作用下下降，进行闭口、套圈、弯纱、脱圈和成圈运动。

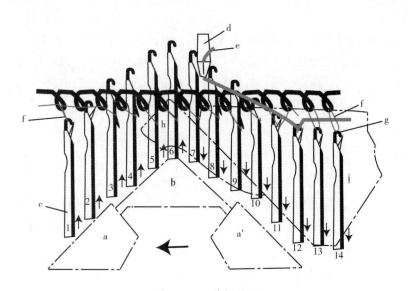

图 1-3-5　编织过程

a，a′—起针三角　b—挺针三角　c—织针　d—导纱器　e—新纱线

f—旧线圈　g—针钩　h—导向三角　i—压针三角

（三）普通横机的基本操作

普通横机在使用之前需要进行必要的检查，松开驱动力臂上的锁紧旋钮，推动机头，检查有无阻滞感，扳动各操作手柄，检查是否正常，针床移位是否灵活准确。普通横机的基本操作包括穿纱、起口、翻针、拷针与收针、放针、落片等。

1. 穿纱

选用了适宜的纱线后，将纱筒放在机架上。抽出线头，穿入调线夹并调整调线夹的张力，以能夹住纱线而不被引线弹簧拉起为宜。纱线再穿入导纱嘴，进入前后针床齿口隙中，线头缠在横机上，然后将导纱嘴架置于横机的右边。

2. 起口

为了防止衣片底边脱散和供牵拉之用，织物首先要编织一横列起头线圈，第一横列的悬弧线称起口横列，起口横列一般以 1+1 罗纹的形式进行。

起口后，为了使织物边缘光洁、丰满，并使衣片下摆的底边有正面向反面卷曲的趋势，应编织一到三横列圆筒形纬平针线圈，俗称打空转，一般织物正面空转比反面多一横列，常用空转横列数之比为 2∶1，3∶2（机头从左至右或从右至左编织一排线圈称一横列）。

3. 翻针

在编织羊毛衫衣片时，编织完罗纹下摆或袖口后，需要将前针床舌针上的线圈转移到与之相对应的后针床的空针上去，这种动作叫作翻针。

在编织 1+1 罗纹下摆时，前、后针床都是 1 隔 1 出针。在编织纬平针织物大身时，前针床的线圈要转移到后针床 1 隔 1 的空针上，这样可使下摆和大身的工作针数不变。

4. 拷针与收针

拷针与收针都是用来使衣片的门幅逐步减小，以适应衣片成形的需要。

拷针，是将线圈从需要退出工作的织针上脱下，而不移至其他织针上，而后将这些织针移至不工作的位置上。收针，是将从需要退出工作的织针上脱下的线圈移到相邻的织针上（套针收针）。

因此，拷针比收针的动作相对较简单，但是拷针时从针上脱下的线圈容易脱散。收针必须有套针或套刺一类机件来协助移圈，它们握住脱下的线圈后，沿针床横向移动，而将线圈套到邻近织针之上。套针或套刺须与织针密切配合。

5. 放针

放针是在机器两边的空针上进行，即利用逐步增加工作针数来达到增宽衣片门幅的目的。放针时由于所放的空针上没有旧线圈存在，因此每次只可抬起一枚织针使之投入工作（即每次只能放一针）。如果每次放两针，那么这两只空针编织成一只两倍大的线圈，而不是两只线圈，这样会影响衣片边缘的质量。

6. 落片

当编织完成后，将机头推向右边，卸掉牵拉重锤边锤。左手握住梳栉，右手拉出钢丝。当衣片脱离梳栉后，把钢丝穿入梳栉的梳齿里放好。用手旋转驱动器上的棘轮，使导纱嘴架与机头脱离。右手推动机头向左移动，同时左手握住衣片稍微牵拉，使织针上的线圈全部脱落下来，收起衣片。

（四）普通横机操作注意事项

操作普通横机时需要注意以下事项：

（1）手摇机头时，人要站稳，用力要均匀、适中，用力方向应与机头滑行方向一致。

（2）在编织时，机头不能在编织区域内调向，必须使机头推过最边缘的工作针 2cm 以上才能调向，以免损坏机件和织物。

（3）机头处于编织区内时，不能扳动针床移位扳手，否则将严重损坏织针，也不能拨动各种三角的调节装置和开关，以免发生撞针事故，损坏机件。

（4）放针时，织针要推至与工作针平齐的位置，收针和拷针后，织针要退到下塞铁处，切忌停留在停针区与工作区之间的位置，防止撞针。

（5）发生撞针时，应关闭起针三角，随后将机头退出编织区，切忌用手拉动针钩，以免损伤手指。

（6）当织物幅面过大，机头动程随之增大，使机头余纱过多时，宜用手指略带一下余纱，配合挑线弹簧将余纱收回，避免造成边缘线圈松弛，甚至产生"小辫子"和豁边现象。

（7）落片时，必须先取下牵拉重锤，防止重锤落地伤脚。

二、电脑横机

（一）电脑横机的特点

电脑横机与普通横机相比，主要有自动化程度高、生产效率高、花型变化广且操作简便、产品质量高且易于控制、产品范围广泛等优点。电脑横机所有与编织有关的动作（如机头的往复横移与变速变动程、选针、三角变换、密度调节、导纱器变换、针床横移、牵拉速度调整等）都由预先编制的程序，通过电脑控制器向各执行元件（伺服电动机、步进电动机、电子选针器、电磁铁等）发出动作信号，驱动有关机构与机件实现。因此，电脑横机除了具有自动化程度高，花型变换方便，产品质量易于控制的优点外，其可编织产品的多样性尤其受到国内生产厂家的青睐。

（二）电脑横机的主要结构

电脑全自动横机的外形如图1-3-6所示，其主要机构包括：给纱系统、编织系统、控制系统以及显示和操作系统等。

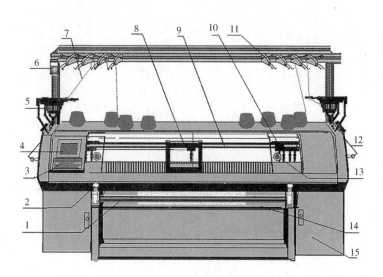

图1-3-6　电脑横机

1—控制杆　2—急停开关　3—按键　4—触摸屏　5—储纱器　6—信号灯　7—毛纱　8—机头　9—梭杆

10—导纱器　11—电子挑线架　12—边线架　13—前护罩　14—起底板　15—侧柜

1. 给纱系统

（1）给纱系统作用及组成：给纱系统的作用主要是传导编织纱、对编织纱进行监测以及给编织纱线一定张力。如图 1-3-7 所示为电脑横机的给纱系统，主要由天线台 1、喂纱轮 2、侧面张力器 3、导纱器 4 以及夹纱装置 5 等组成。

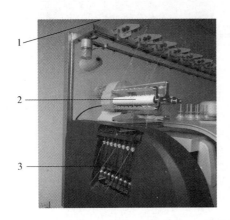
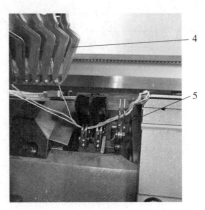

图 1-3-7　电脑横机给纱系统

（2）导纱器的配置：导纱器的配置如图 1-3-8 所示，梭箱导轨由前到后分为 A、B、C、D 四根，每个梭箱导轨的前、后侧面可分别安装两个梭箱，梭箱从前到后分别为 1~8 号梭箱，每一个梭箱下部均带有梭嘴 9，梭嘴 9 中所带的纱线可对针床 10 上的织针进行垫纱。

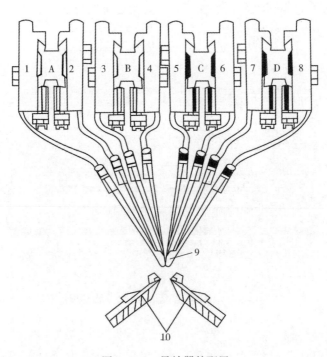

图 1-3-8　导纱器的配置

（3）导纱器的结构：导纱器系统的结构如图 1-3-9 所示，从侧喂纱装置送过来的纱线，首先进入导纱器 1 上部的侧面导纱孔，然后进入导纱器 1 中对织针进行喂纱。机头通过传动杆 5 带动梭箱 2 在梭箱导轨 4 上运动，限位器 3 对梭箱的运动起限位作用。

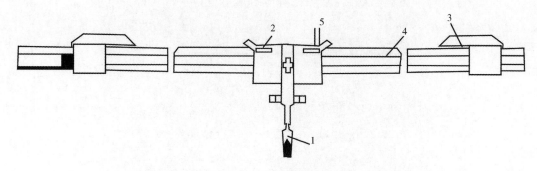

图 1-3-9　导纱器的结构

2. 编织系统

如图 1-3-10 所示，电脑横机的编织系统主要包括针床 1、织针 2、毛刷 3、沉降片 4以及机头 5 等。在电脑横机针床工作幅宽内的针槽里，除装有编织用织针外，从上而下还装有挺针片、中间片及选针片。

图 1-3-10　编织系统

电脑横机机头内可安装 1 个或多个成圈系统，现在最多可有 8 个成圈系统。机头内的成圈系统是由各种三角组成，包括对应舌针、挺针片、选针片等的挺针片起针三角、挺针片接圈三角、挺针片压针三角、挺针片导向三角，上、下护针三角，集圈压条、接圈压条，选针器，中间片走针三角、中间片复位三角，选针片复位三角、选针片挺针三角、选针片压针三角等，其内部构造如图 1-3-11 所示。

电脑横机的电子选针编织机构主要有两种，即单级式电子选针机构和多级式电子选针机构，单级式电子选针对选针器的电磁特性及其相关机件的精度和配合要求更高，目前，

图 1-3-11　机头内部构造

国内外的电脑横机主要采用多级式电子选针编织机构。如图 1-3-12 所示为六段选针器。

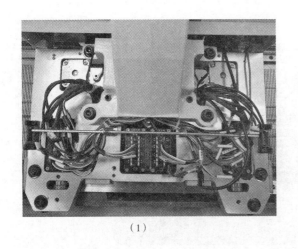

（1）　　　　　　　　　　　　　　　　　　（2）

图 1-3-12　六段选针器

3. 控制系统

电脑横机的控制系统一般包括电控箱、显示器、触摸屏及各种监控和检测元件，如图 1-3-13 所示为电脑横机的操作面板显示器。预先编制的程序通过电脑控制机构向各执行元件发出动作信息，驱动有关机件实现编织的动作。电脑横机与手动横机、机械式自动横机最主要的区别就是增加了此控制机构，它的主要功能是进行程序的输入和显示、程序的存储和控制以及信号的反馈等。电脑横机的程序控制进一步提高了机器的自动化程度，使花型变换、尺寸改变、产品质量等更易于控制，大大提高了成形编织的生产效率。

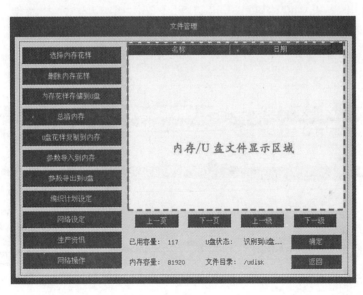

（1）

（2）

图 1-3-13 电脑横机的操作面板显示器

（三）单级式选针编织系统的工作原理

1. 成圈与选针机件的配置

电脑横机针槽内一枚完整的针是由 4 枚不同的针组成的，自上而下依次为织针 1（舌针）、挺针片 4、中间片（推片）5、选针片 7，如图 1-3-14 所示。

（1）织针：具有顶簧针舌，边侧带有扩圈片，便于前后针床进行移针。

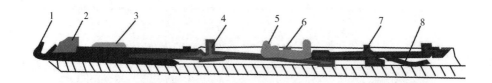

图 1-3-14　织针系统

1—织针　2—沉降片　3—塞铁　4—挺针片　5—中间片（推片）　6—推片压条　7—选针片　8—弹簧

（2）挺针片：与织针镶嵌在一起，挺针片受压，片踵埋入针槽，不受三角作用，织针不动。

（3）中间片：位于挺针片之上，具有 A、B、C 三个位置，如图 1-3-15 所示。

A：挺针片片踵被压入针槽不受三角作用——织针不编织。

B：挺针片片踵从针槽中露出，可以受三角作用——织针参加编织（织针集圈或接圈）。

C：挺针片片踵从针槽中露出，可以受三角作用——织针参加编织（织针成圈或移圈）。

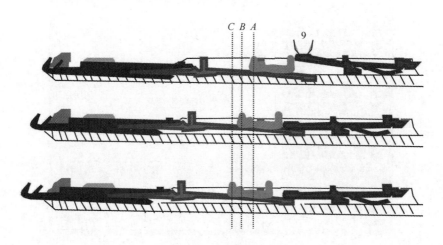

图 1-3-15　中间片位置

（4）选针片：受电磁选针器 9 作用。

吸住：织针不工作，A 位；

释放：和选针片 7 镶嵌在一起的弹簧 8 使选针片 7 的下片踵向外翘出，选针片在相应三角的作用下向上运动，推动中间片到 B 或 C 位置，挺针片片踵向外翘出，可以与三角作用，推动织针工作。

（5）沉降片：配置在两枚织针中间，位于针床的齿口部分的沉降片槽中。

两个针床上的沉降片相对排列，由三角控制沉降片片踵使沉降片前后摆动。当织针上升退圈时，前后针床中的沉降片闭合，如图 1-3-16（1）所示；当织针下降弯纱成圈时，前后沉降片打开，如图1-3-16（2）所示。

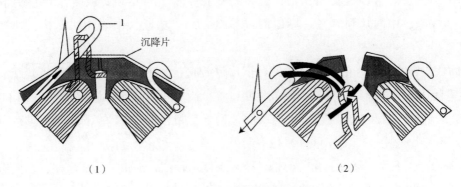

（1）　　　　　　　　　　　（2）

图1-3-16　沉降片作用原理

2. 三角系统

图1-3-17所示为电脑横机机头三角座及其三角系统的平面结构图，主要是作用于织针、挺针片、中间片及选针片的各种三角。

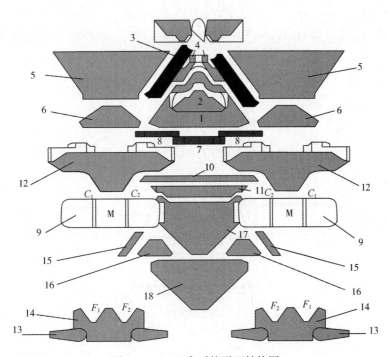

图1-3-17　三角系统平面结构图

挺针片起针三角1使织针上升集圈或成圈。接圈三角2和起针三角1同属一个整体，将织针推到接圈高度。压针三角3除压针作用外，还有移圈功能。挺针片导向三角4起导向和收针作用。上、下护针三角5、6起护针作用。移圈时，上护针三角5还起压针作用。集圈压条7和接圈压条8是作为一体的活动件，可上、下移动。

选针器9由永久磁铁M和选针点C_1、C_2组成。选针点可通过电信号的有无使其有磁或消磁。先由 M 吸住选针片的片头，如果选针点未被消磁（不中断），相应的织针就未被选上，不参加工作；如果选针片头被消磁释放（中断），相应的织针就被选上，参加工作。也即 C_1 点中断，中间片到 C 位，则成圈或移圈；C_2 点中断，中间片到 B 位，则集圈或接圈。

中间片走针三角 10、11，可使中间片下片踵形成三个针道。当中间片的下片踵沿三角 10 的上平面运行时，织针可处于成圈或移圈位置；当中间片的下片踵在三角 10 和 11 之间通过时，织针处于集圈或接圈位置；当中间片的下片踵在三角 11 的下面通过时，则织针始终处于不工作位置。12 为中间片复位三角。

13 为选针片下片踵复位三角，使选针片片头摆出针槽，由选针器 9 吸住，以便进行选针。选针三角 14 有两个起针斜面作用选针片的下片踵：F_1 作用第一选针点选上的选针片；F_2 作用第二选针点选上的选针片。选针片挺针三角 15、16 作用于选针片的上片踵：15 作用于第一选针点选上的选针片；16 作用于第二选针点选上的选针片。选针片压针三角 17、18 分别作用于选针片的上下片踵，把沿 15、16 上升的选针片压回到初始位置。

3. 选针与编织原理

（1）成圈编织：选针片在第一选针点 C_1 被选上，选针片的下片踵沿选针三角的 F_1 面上升，上片踵沿三角 15 上升→推动中间片下片踵上升到三角 10 的上方，并沿其上表面通过，中间片的上片踵在压条 8 的上方通过，相应的挺针片片踵一直沿三角 1 的上表面运行→退圈→成圈。图 1-3-18 中的 K、K_H、K_B 分别为挺针片片踵、中间片上片踵和下片踵的运动轨迹。

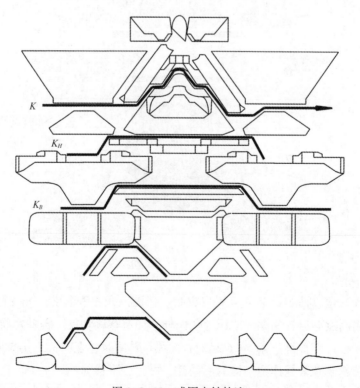

图 1-3-18　成圈走针轨迹

（2）集圈编织：选针片在第二选针点 C_2 被选上，选针片下片踵沿选针三角的 F_2 面上升→上片踵沿三角 16 上升→推动中间片的下片踵上升到三角 10 和 11 之间通过，中间片的上片踵被压条 7 压进针槽→挺针片片踵压进针槽上升到集圈高度→织针集圈编织。图 1-3-19 中的 T、T_H、T_B 分别为挺针片片踵、中间片上片踵和下片踵的运动轨迹。

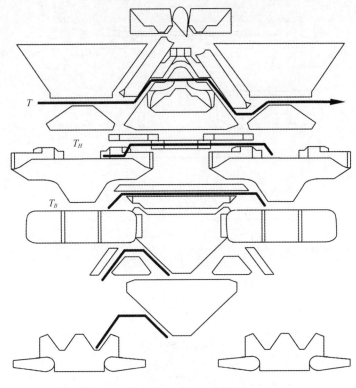

图 1-3-19　集圈走针轨迹

（3）浮线编织：选针片在两个选针点都没被选上，中间片不会离开起始位置。中间片上片踵始终被压条 6（图 1-3-14）压住，这样挺针片片踵也不会翘出针槽，不会受起针三角作用，只能从三角 1 的内表面通过，所以其上方的织针就不参加编织。图 1-3-20 中的 F、F_H、F_B 分别为挺针片片踵、中间片上片踵和下片踵的运动轨迹。

（4）三功位编织：在编织过程中，有些选针片在第一选针点被选上，有些选针片在第二选针点被选上，有些选针片在两个选针点都没被选上，则会形成三条走针轨迹，分别为成圈、集圈和不编织。

（5）移圈和接圈：移圈是将一枚针上的线圈转移到另一枚针上的过程。从织针上给出线圈的称为移圈；从其他织针上接受线圈的称为接圈。移圈时的选针与成圈时相似，选针片和中间片都走与成圈时相同的轨迹。不同的是此时的挺针片压针三角 3 向下移动到最下的位置，挡住了挺针片片踵进入三角 1，使其只能沿压针三角 3 的上面通过，从而使其上方的织针上升到移圈高度，如图 1-3-21 所示。

接圈时，选针片在第二选针点被选上，与集圈选针相同。此时集圈压条 7 和接圈压条

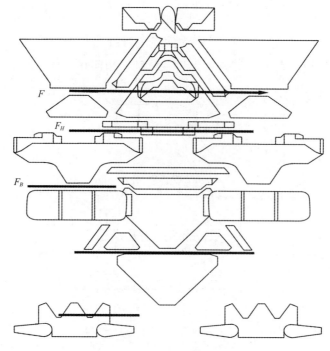

图 1-3-20　浮线走针轨迹

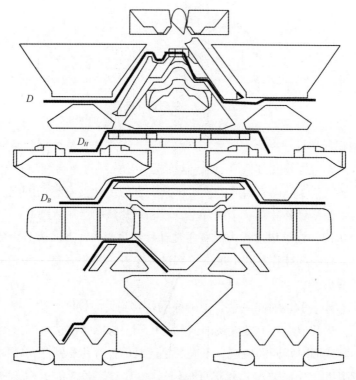

图 1-3-21　移圈走针轨迹

8下降一级，被推上的中间片上片踵在一开始就受左边的接圈压条8的作用，被压入针槽，并将挺针片片踵也压入针槽，使其不能沿下降的压针三角3上升，只能在压针三角3的内表面通过，当中间片上片踵在中间离开压条8时，中间片和挺针片释放，挺针片片踵沿接圈三角2上升，如图1-3-22所示。

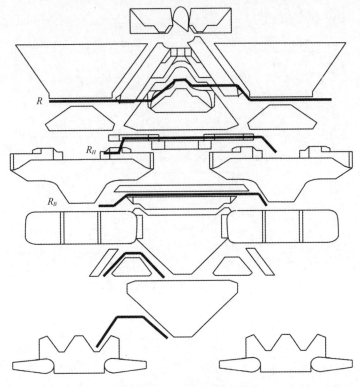

图1-3-22　接圈走针轨迹

随后，另一块接圈压条重新作用于中间片的上片踵，挺针片的片踵再次沉入针槽，以免与起针三角相撞，并且不受压针三角3的影响。走过第二块接圈压条后，挺针片片踵再次露出针槽，从三角5、6之间通过，被压到起始位置，完成接圈动作。

（6）双向移圈：在同一成圈系统也可以有选择地使前后针床织针上的线圈相互转移，即形成双向移圈。此时，有些选针片在第一选针点被选上，其上的织针移圈，有些选针片在第二选针点被选上，其上的织针接圈。在两个选针区都没有被选上的选针片，其上面的织针既不移圈也不接圈，如图1-3-23所示。

（四）多级式选针编织系统的工作原理

1. 成圈与选针机件的配置

国产电脑横机以及岛精电脑横机选针机构采用多级式选针形式，选针机件在针床上的配置如图1-3-24所示。

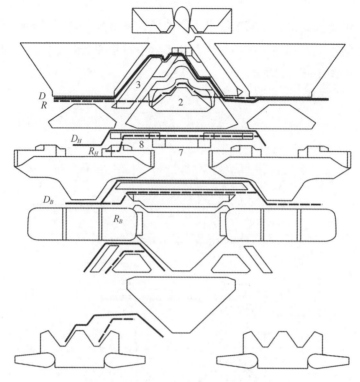

图 1-3-23　双向移圈走针轨迹

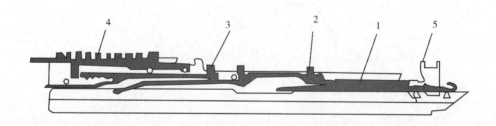

图 1-3-24　成圈与选针机件的配置

在同一个针槽内,同时排有织针 1、挺针片(导针片)2、推片(选针导片)3 和选针片 4。织针 1 没有针踵,其尾部有一个缺口,与挺针片 2 的头端正好吻合成为一体,由挺针片 2 带动织针 1 运动。挺针片 2 的片尾在较深的针槽滑动面上滑动,使针杆与滑动面形成一定的间隙。由于挺针片 2 具有一定的弹性,当它的针杆后部受到外力作用时,其下片踵便沉入针槽内,从而使织针退出工作位置。

推片 3 位于挺针片后端上部的槽内,它的片踵可以处于 A、B、H 三个位置,并受机头上压片的控制,从而达到织针在同一横列中成圈、集圈和不编织三种状态。选针片 4 在推片 2 的上方,它的头端可以作用在推片 2 的杆上。选针片 4 除了有上、下两个片踵以外,还有 8 档(或 6 档等)高低不同的齿。插片 5 可以使得织物纵行线圈结构更匀称。沉降片可协助织针成圈,并进行部分牵拉工作。

2. 三角系统

图 1-3-25 为三角系统实物图，其平面结构示意图如图 1-3-26 所示。各三角的名称及作用见表 1-3-1。

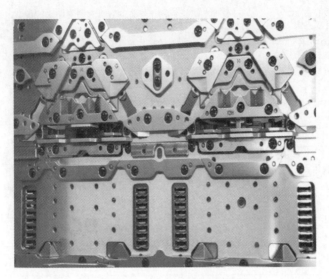

图 1-3-25 三角系统实物图

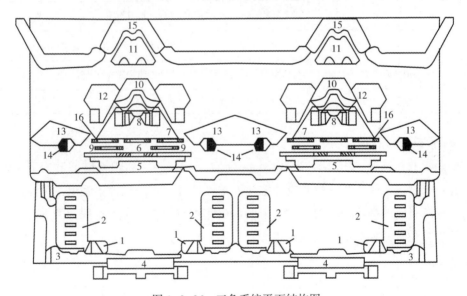

图 1-3-26 三角系统平面结构图

表 1-3-1 三角的名称及其作用

序号	名称	功能
1	选针推针三角	作用于经选针器重选的选针片，将推片（弹簧针脚）推往 A 位置
2	选针器	预选或重选 6 段选针片，选针至 A 位置或 H 位置

序号	名称	功能
3	选针导针三角	作用于经选针器预选的选针片，将推片推至 H 位置
4	选针复位三角	使那些被选针器压进去的选针片回复原来的位置
5	不编织压片	作用于 B 位置的推片片踵，使相应织针不编织
6	集圈压片	也称吊针压片，作用于 H 位置的推片片踵，使相应的织针集圈
7	起针三角	也称碟山，将挺针片推至集圈高度
8	接圈三角	接圈时挺针片下锺沿其上升至接圈高度
9	接圈压片	也称半压片，作用 H 位的推片，使相应织针接圈或"在二段度目中"集圈
10	挺针三角	也称中山，挺针片下片踵沿其上升到退圈高度（可垂直进入或退出工作）
11	移圈三角	翻针时挺针片上片踵沿其上升到翻针高度（可垂直进入或退出工作）
12	弯纱三角	上、下移动调整弯纱深度（度目）
13	导针三角	对选针片、推片和挺针片起导向和护卫作用
14	推片清针三角	将处于 A 位和 H 位的推片推至 B 位（可垂直进入或退出工作）
15	移圈导向三角	与移圈三角同时使用，使上升到移圈位置的针下降到起始位置
16	二段度目三角	在使用二段度目时作用

3. 选针与编织原理

需要两次选针实现三功位编织，如图 1-3-27 所示。上一编织系统需要为下一编织系统预选针；未被选中的选针片所对应的推片处于 B 位置，相应织针不编织；只经过一次选针的选针片所对应的推片处于 H 位置，相应织针集圈编织；经过两次选针的选针片所对应的推片处于 A 位置，相应织针成圈编织。

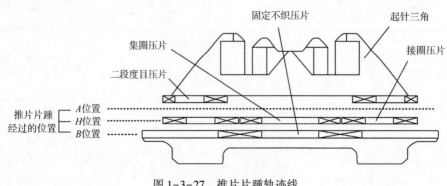

图 1-3-27 推片片踵轨迹线

（1）成圈编织：图1-3-28显示了成圈编织走针轨迹。此时移圈三角和左推片清针三角退出工作。当选针片两次都被选中时，相应的推片被选针片推到A位置，相应针槽里的挺针片始终不被压入针槽，从而带动织针沿起针三角上升到集圈高度后，再沿挺针三角上升完成退圈，之后沿弯纱三角下降完成编织。

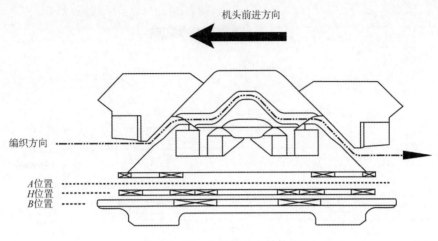

图1-3-28 成圈编织走针轨迹

（2）集圈编织：图1-3-29显示了集圈编织走针轨迹。此时移圈三角、左推片清针三角、左右接圈压片都退出工作。在第一次选针被选中的选针片沿选针导针三角上升推动相应的推片到H位置，由于处于H位置的推片在经过集圈压片时，推片上的片踵被压入针槽，所以，相应针槽里的挺针片带动织针沿起针三角上升到集圈高度后，挺针片的下片踵也被压入针槽，挺针片不再沿挺针三角上升，而是停留在集圈位置沿弯纱三角下降，织针完成集圈编织。

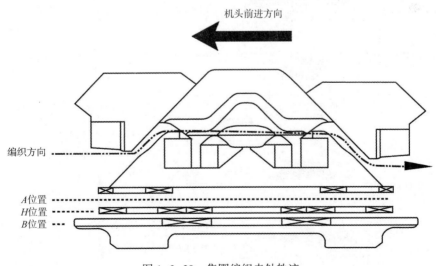

图1-3-29 集圈编织走针轨迹

（3）不编织：图 1-3-30 显示了不编织走针轨迹。在第一次和第二次选针时都没被选中的选针片不上升，相应的推片停留在 B 位置，由于处于 B 位置的推片受到不编织压片的作用，推片上的片踵将一直被压入针槽，所以，相应针槽里的挺针片的下片踵也被压入针槽，挺针片不沿起针三角上升，织针不编织。

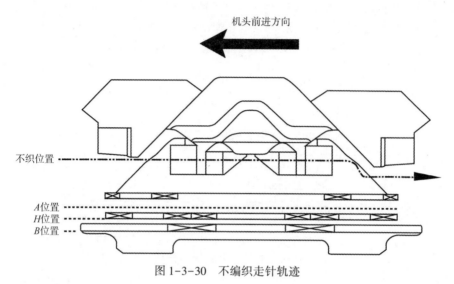

图 1-3-30 不编织走针轨迹

（4）翻针、接针：图 1-3-31 显示了前针床 A 位翻针（移圈）、后针床 H 位接针（接圈）的走针轨迹。此时前针床挺针三角退出工作，移圈三角进入工作。当选针片两次都被选中时，相应的推片被选针片推到 A 位置，相应针槽里的挺针片始终不被压入针槽，从而带动织针沿起针三角上升到集圈高度后，上片踵再沿移圈三角上升完成翻针动作。

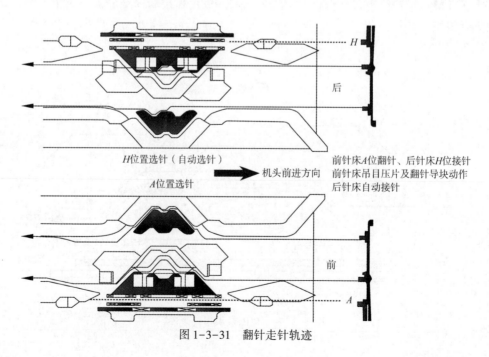

图 1-3-31 翻针走针轨迹

如图 1-3-31 所示，此时后针床的挺针三角退出工作，集圈压片向上摆离 H 位置（退出工作）。在第一次选针（预选针）被选中的选针片沿选针导针三角上升，推动相应的推片到 H 位置，如果在第二次选针时没被选中，处于 H 位置的推片在经过接圈压片时，推片上的片踵被压入针槽，所以，挺针片的下片踵也被压入针槽，挺针片不能沿起针三角上升；当推片经过集圈压片时被释放，挺针片的上片踵沿着起针三角上加工出来的斜面（即接圈三角）运行到接圈高度。之后，挺针片的上片踵沿着移圈三角的左下斜面下降，使织针完成接针动作。最后，织针沿弯纱三角和导向三角运行到初始位置。

（五）电脑横机的基本操作

目前国内企业所用电脑横机来源有两种途径，一种是从国外知名电脑横机厂家进口，价格较高，稳定性较好，主要有德国斯托尔、日本岛精等机型。随着国产电脑横机技术的进步，越来越多的企业也开始大量选择国产电脑横机，价格相对便宜，性价比较高。不同型号电脑横机的操作方法基本相同，下面以金龙公司生产的龙星电脑横机为例，对其操作进行简单介绍。

1. 穿纱

起底纱穿在左侧第一个天线台上，并使用最末号纱嘴（起底纱必须使用专用的橡筋线，才能满足起底要求），分离纱（封口纱）穿在右侧第一个天线台上，并使用第 1 号纱嘴。主纱可以根据制版文件进行排列，以方便操作、保证顺利编织为基本原则。

2. 开机

将机器左侧的主电源开关的开关柄顺时针方向（向右）旋转 90°，即旋转主电源开关至 "1"，接通机器主电源。按下绿色按钮打开控制电源，启动机器控制系统，显示操作界面，如图 1-3-13（1）所示。

3. 输入花样

点击操作界面 "文件管理"，然后再点击 "U 盘花样复制到内存"，如图 1-3-13（2）所示。

4. 选择花样

点击操作界面 "文件管理"，再点击 "选择内存花样"，然后点击 "确定" 进入编织界面。

5. 开始编织

电脑横机的开始和结束编织是通过操作操纵杆进行的。编织运行界面如图 1-3-32 所示。

操纵杆可向后（顺时针）或向前（逆时针）转动，放手后恢复到初始位置。操纵杆有三个操作位置：停止、低速运行、高速运行。

停止：握住操纵杆向前（逆时针）转动到极限位（约 40°），机头停止运行。

低速运行：握住操纵杆向后（顺时针）转动约 16°，机头以低速方式运行。

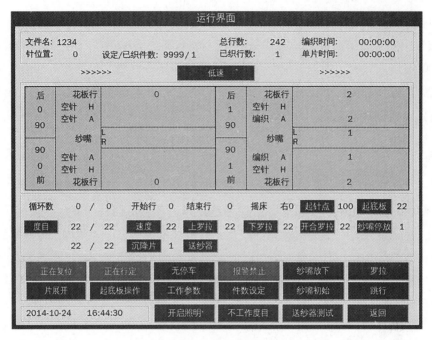

图 1-3-32　编织运行界面

高速运行：握住操纵杆向后（顺时针）转动到极限位（约 40°），机头以高速方式运行。

6. 结束编织

编织结束时结束警报响起，点击界面"确定"停机，然后点击"返回"，退出编织界面，此时会显示系统主界面。

7. 关机

在操作界面上点击"关机"，关闭操作界面，按住红色按钮 1 秒以上，关闭伺服电源。将主电源开关的开关柄逆时针方向（向左）旋转 90°，即旋转主电源开关至"0"，关闭总电源。

8. 落片

从横机落布槽中拿出衣坯，将衣坯放入储物箱或者送至下一工序。

 实训项目：针织横机的认识与操作

一、实训目的

1. 了解针织横机的构造、安装及调整。

2. 了解针织横机的成圈过程，认识针织横机的三角和三角座。

3. 对针织横机进行保全保养，熟悉横机操作。

二、实训条件

1. 准备擦拭用抹布若干。

2. 准备保全所用的扳手、螺丝刀、老虎钳、游标卡尺等。

3. 准备缝纫机用油。保全保养设备为手动横机或电脑横机。

三、实训项目

1. 针织横机的一般结构。

2. 针织横机的成圈过程。

3. 针织横机的保全保养。

4. 针织横机的调试操作。

5. 撰写实验报告。

四、操作步骤

1. 针织横机的构造

针织横机种类和型号繁多，但一般均由机座、编织机构、选针机构、针床横移机构、给纱机构、牵拉机构和传动机构等组成。参考教材，了解针织横机舌针和针床及其配置、三角和三角座、导纱器与导纱变换装置、针床横移装置。

2. 针织横机的安装

了解整机的安装；调线架的安装与调整；给纱张力的调整；毛刷与纱嘴的调整；织针的安装与更换；机器试运行等。

3. 针织横机的保全保养

擦拭针织横机各机构，并加适量缝纫机油润滑；更换问题织针；调整织针升降松紧；检验调整各机构松紧及位置；穿线并进行简单操作。

第二章　羊毛衫 CAD 基础

第一节　Illustrator CS6 制图基础

一、Illustrator CS6 简介及图像知识

（一）Adobe Illustrator 简介

Adobe Illustrator，常被称为"AI"，是一种应用于出版、多媒体和在线图像的工业标准矢量插画软件。作为一款非常好的矢量图形处理工具，该软件主要应用于印刷出版、海报书籍排版、专业插画、多媒体图像处理和互联网页面制作等方面，也可以为线稿提供较高的精度，既适合制作各种小型设计，也可应用于各种大型的复杂项目设计。

AI 最大特征在于钢笔工具的使用，操作简单、功能强大，使得矢量绘图成为可能。它还集成文字处理、上色等功能，在插图制作和印刷制品（如广告传单、小册子）设计制作方面广泛使用，已经成为桌面出版（DTP）业界的默认标准。鉴于 AI 强大的性能系统所提供的各种形状、颜色、复杂的效果和丰富的排版，能自由进行各种创意表现，精准传达设计者的创作理念，非常适合应用于羊毛衫等服装款式效果图的绘制。

（二）图像知识

图像的要素主要包括：像素、矢量图和像素图、图像分辨率等。

1. 像素

像素（pixel）是组成图像的最基本单元，它是很小的矩形颜色块，一个图像通常是由许多像素组成，若干个这样的小颜色块组织在一起，就形成了图像，当用缩放工具把图像放大到足够大时，就可以看到类似马赛克的效果，每一个矩形块，就是一个像素，也可称为栅格。

2. 矢量图和像素图

矢量图是由诸如 Adobe Illustrator、CorelDRAW 等一系列图形软件产生的，它由一些用数学方式描述的曲线组成，其基本组成单元是锚点和路径。不论放大或缩小多少，它的边缘都是平滑的，尤其适用于制作企业标志，这些标志无论用于商业信纸还是招贴（写印在纸上供张贴宣传用的文字、图画），只用一个电子文件就能满足要求，可随时缩放，效果

一样清晰。

像素图则不同，它是由诸如 Adobe Photoshop、Painter 等软件产生的，它由像素组成。像素图的质量是由分辨率决定的。单位长度内的像素越多，分辨率越高，图像效果就越好，用于制作多媒体光盘的图像通常达到 72PPI 就可以了，而用于彩色印刷品的图像则需300PPI 左右，印出的图像才不会缺少平滑的颜色过渡。有时像素图也称为点阵图，在Photoshop 中也有绘制矢量图形的功能，使用起来灵活、方便。

3. 图像分辨率

图像分辨率的单位是 PPI，即每英寸所包含的像素数量，如果说某图像分辨率是72PPI，就是说该图像每英寸长度内包含 72 个像素。图像分辨率越高，意味着每英寸所包含的像素越多，图像就有更多的细节，颜色过渡就越平滑（1 英寸 = 2.54 厘米）。图像分辨率和图像大小之间有着密切的关系，图像分辨率越高，所包含的像素越多，也就是图像的信息量越大，因而文件也就越大。

4. 设备分辨率

设备分辨率（Device Resolution）又称输出分辨率，指的是各类输出设备每英寸上可产生的点数，如显示器、喷墨打印机、激光打印机、绘图仪的分辨率。这种分辨率通过DPI 来衡量，目前，PC 显示器的设备分辨率为 60~120DPI，而打印设备的分辨率则为360~1440DPI。

5. 颜色模型

颜色模型指的是某个三维颜色空间中的一个可见光子集，它包含某个色彩域的所有色彩。一般而言，任何一个色彩域都只是可见光的子集，任何一个颜色模型都无法包含所有的可见光。常见的颜色模型有 HSI（表示色调、饱和度、亮度）、RGB（表示红、绿、蓝）、CMYK（表示青、洋红、黄、黑）、HSV（表示色相、饱和度和明度）等。颜色模型除了能够确定图像中能显示的颜色数之外，还影响图像的通道数和文件大小。

二、Illustrator CS6 工作界面

Illustrator CS6 软件安装完成后，执行"开始→所有程序→Illustrator CS6"命令或者双击桌面的快捷图标，即可进入 Illustrator CS6 的工作界面（图 2-1-1）。工作界面主要包括菜单栏、控制栏、工具箱、面板、编辑区等。

（一）菜单栏

Illustrator CS6 软件的大部分命令都放置在菜单栏里，软件主要功能都可以通过执行菜单栏中的命令来完成。在菜单栏中包括文件、编辑、对象、文字、选择、效果、视图、窗口和帮助 9 个功能菜单（图 2-1-2）。

（二）控制栏

控制栏在无文档操作时为空白状态，当编辑区有文档时，在控制栏会显示所选择文档的

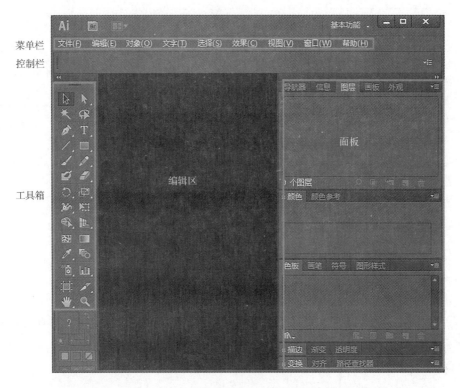

图 2-1-1　Illustrator CS6 工作界面

菜单栏
控制栏
工具箱
编辑区
面板

图 2-1-2　菜单栏

相关属性，并能对相关属性数据进行设置，使所选择的对象产生相应的变化（图 2-1-3）。

图 2-1-3　控制栏

（三）工具箱

工具箱用于放置经常使用的工具，并将近似的工具以展开的方式归为工具组，在进行图形绘制时，所用到的相关工具大多可在工具箱中选择（图 2-1-4）。

（四）面板

面板包括多个子面板，单击面板上方的小三角，可将面板展开，显示出各种面板的控制区，即可进行色彩、描边等多种功能的编辑（图 2-1-5）。

图 2-1-4　工具箱

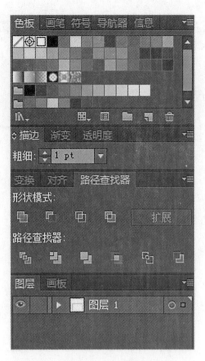
图 2-1-5　面板

三、Illustrator CS6 基本操作

（一）新建文件

在运行软件后，执行菜单栏中的"文件→新建"命令，即可弹出"新建文档"对话框（图 2-1-6）。在对话框中，可设置新建文档的各个属性，然后点击"确定"。

（二）打开已有文件

图 2-1-6　新建文件对话框

在运行软件后，执行菜单栏中的"文件→打开"命令，即可弹出"打开"对话框（图 2-1-7）。在对话框下方的"文件类型"内可以设置所需文件类型，以缩小查找范围，找到所需文档后，点击"打开"即可打开所需文件。

（三）存储文件

需要将制作完成或制作过程中的文件进行存储时，执行菜单栏中的"文件→存储"命

图 2-1-7　打开对话框

令或者"文件→存储为"命令。随即弹出"存储为"对话框（图 2-1-8）。注意选择"保存类型"为 Adobe Illustrator（ ＊．AI），最后点击"保存"。

图 2-1-8　存储文件对话框

（四）导出文件

需要将制作完成或制作过程中的文件导出为其他类型的文件时，执行菜单栏中的"文件→导出"命令，随即弹出"导出"对话框（图2-1-9），选择保存类型后点击"保存"。

图 2-1-9 导出对话框

四、Illustrator CS6 绘图工具

（一）辅助工具

1. 标尺

执行菜单栏中的"视图→标尺→显示标尺"命令，可在编辑区的左、上方显示标尺，便于在页面绘制图形时，随时精确调整对象的位置和大小，并且还可以根据情况调整标尺的坐标原点。

2. 辅助线

辅助线可以从标尺位置随意拖拽到页面中的任何位置，用于精确设置位置，方便对象的准确定位。可以执行菜单栏中的"视图→参考线"命令，对参考线进行隐藏、锁定、释放、清除等操作（图2-1-10）。

3. 网格

网格是分布在页面中有规律的、等距的参考点或者线，利用网格可以将图像精确调整到需要的位置或者精确把握图像的大小。

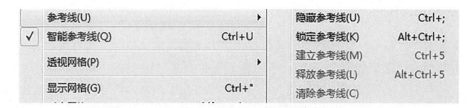

图 2-1-10　参考线命令

(二) 选择、缩放与移动

1. 选择

选择工具箱中的【选择工具】，可以对单个或多个对象进行选取、缩放和移动。选择单个对象时，直接在对象上单击鼠标左键即可；选择多个对象时，可以按住鼠标不放，框选多个对象，或者按住"Shift"键的同时，鼠标依次点击需要选择的多个对象（图 2-1-11）。

2. 缩放

选择工具箱中的【选择工具】，选择需要缩放的对象，将鼠标移至需要进行缩放方向的路径上（图 2-1-12），按住鼠标不动，拖动鼠标即可将对象进行缩放，如果按住"Shift"键的同时拖动鼠标，可以等比例缩放对象。

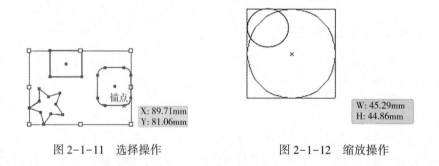

图 2-1-11　选择操作　　　　　图 2-1-12　缩放操作

3. 移动

选择工具箱中的【选择工具】，选择需要移动的对象，将鼠标移至需要移动的对象上，选中对象并按下鼠标左键不放，自由移动对象到目标位置。

(三) 复制与编组

1. 复制

选择工具箱中的【选择工具】，选择需要复制的对象，执行菜单栏中的"编辑→复制"命令，然后再执行菜单栏中的"编辑→粘贴"命令，即可将对象复制。或者连续执行快捷键"Ctrl+C"与"Ctrl+V"也可完成对象的复制。

2. 编组

该操作可以将多个对象群组在一个组中，便于进行统一操作。用工具箱中的【选择工具】将需要编组的多个对象按照前面的方法进行选择后，单击鼠标右键，弹出命令选项（图 2-1-13），选中"编组"，即可将多对象群组在一个组中。

（四）填充与描边

1. 填充

用工具箱中的【选择工具】选择路径闭合的对象，在工具箱中双击【填色】按钮，弹出"拾色器"对话框（图 2-1-14），选择所需的颜色即可进行颜色的填充。

图 2-1-13　编组命令

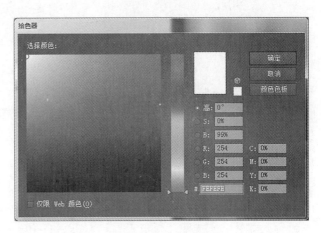

图 2-1-14　拾色器

2. 描边

用工具箱中的【选择工具】选择一对象，在工具箱中双击【描边】按钮，弹出"拾色器"对话框，选择所需的颜色即可给对象形状周围的轮廓进行描边填色。

（五）绘制直线和曲线

1. 直线绘制

选择工具箱中的【直线段工具】，在编辑区内按住鼠标左键不放，拖动鼠标则绘制出直线（图 2-1-15）。如按住"Shift"键的同时，拖动鼠标，则能绘制出水平直线、垂直直线和 45°角的斜线（图 2-1-16）。绘制前，在绘图区空白处单击鼠标，弹出"直线段工具选项"对话框（图 2-1-17），在对话框内对直线段的"长度"和"角度"进行设置。另外，选择【直线段工具】后，可在控制栏中对直线段的颜色和粗细属性进行设置（图 2-1-18）。

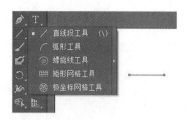

图 2-1-15　直线绘制

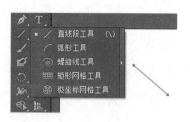

图 2-1-16　斜线绘制

图 2-1-17　直线段工具选项对话框

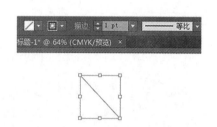

图 2-1-18　属性设置

2. 曲线绘制

将鼠标移至工具箱中的【直线段工具】，并长按鼠标左键，弹出下拉菜单，选择【弧形工具】（图 2-1-19）。在编辑区内按住左键不放，拖动鼠标到目标位置松开鼠标则绘制出一弧线（图 2-1-20）。绘制弧线之前，在编辑区的空白处单击鼠标会弹出"弧线段工具选项"对话框（图 2-1-21），对里面的属性进行设置，可实现对弧线段的形状控制。

图 2-1-19　弧形工具

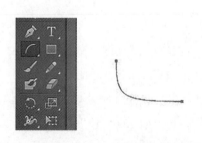

图 2-1-20　弧线绘制

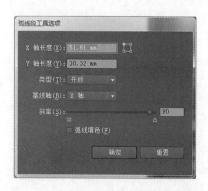

图 2-1-21　弧线段工具选项对话框

（六）绘制矩形和椭圆

1. 矩形绘制

选择工具箱中的【矩形工具】，在绘图区内按住鼠标左键不放，拖动鼠标则绘制出一矩形（图 2-1-22）。如按住"Shift"键的同时，拖动鼠标，则能绘制出正方形（图 2-1-23）。绘制前，在绘图区空白处单击鼠标，弹出"矩形"对话框，在对话框内可对矩形的"高度"和"宽度"数值进行设置（图 2-1-24）。

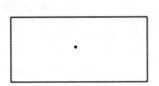

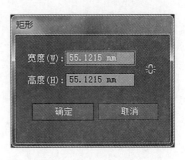

图 2-1-22 矩形绘制　　　图 2-1-23 正方形绘制　　　图 2-1-24 矩形对话框

2. 椭圆绘制

选择工具箱中的【椭圆工具】，在绘图区内按住鼠标左键不放，拖动鼠标则绘制出一椭圆（图 2-1-25）。如按住"Shift"键的同时，拖动鼠标，则能绘制出正圆（图 2-1-26）。绘制前，在绘图区空白处单击鼠标，弹出"椭圆"对话框，在对话框内可对椭圆的"高度"和"宽度"数值进行设置（图 2-1-27）。

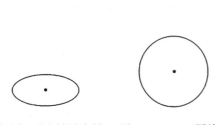

图 2-1-25 椭圆绘制　　图 2-1-26 正圆绘制　　　图 2-1-27 椭圆对话框

（七）钢笔工具

钢笔工具能绘制直线、曲线和其他复杂线段，熟练掌握钢笔工具，可绘制出较为复杂的图形，钢笔工具也是后面羊毛衫款式图、结构图等绘制时最常用的工具，须熟练掌握。

1. 折线绘制

选择工具箱中的【钢笔工具】，在绘图区内点击鼠标左键，释放鼠标，移动鼠标到另一位置再单击鼠标，则绘制出一直线，以此类推，得到如图所示的折线（图 2-1-28）。

2. 曲线绘制

选择工具箱中的【钢笔工具】，在绘图区内点击鼠标左键，释放鼠标，移动鼠标到另一位置时，按住鼠标左键不放并拖动鼠标，则绘制出一曲线（图 2-1-29）。选择【直接选择工具】，将鼠标移至锚点和手柄上拖动，可对曲线形状进行调整。

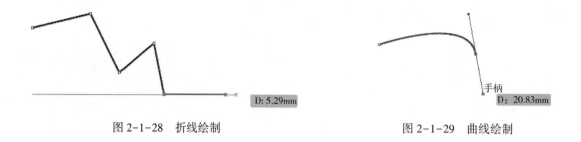

图 2-1-28　折线绘制　　　　　　　　　图 2-1-29　曲线绘制

3. 曲线与直线相连绘制

选择工具箱中的【钢笔工具】，先绘制出直线与曲线相连线段（图 2-1-30）。然后，先释放鼠标，再将鼠标移动到曲线末端的锚点处并单击，使得锚点另一端手柄消失，再次移动鼠标到另一位置单击鼠标，则得到曲线与直线相连线段（图 2-1-31）。

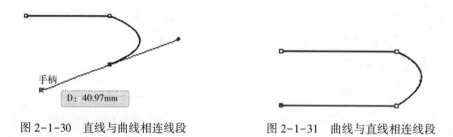

图 2-1-30　直线与曲线相连线段　　　　图 2-1-31　曲线与直线相连线段

4. 复杂曲线绘制

通过较为复杂曲线的绘制，能熟练掌握钢笔工具的应用，为后面服装款式绘制打下基础。

选择工具箱中的【钢笔工具】，在控制栏对属性进行设置（图 2-1-32），按照前面直线与曲线绘制方法，绘制出基本曲线（图 2-1-33）。

图 2-1-32　属性设置

在工具箱中的，将鼠标移至【钢笔工具】处长按鼠标左键，弹出下拉列表，选择

【添加锚点工具】（图 2-1-34），在绘制的曲线路径上选择一合适位置单击鼠标左键，成功添加新的锚点（图 2-1-35），用于调整曲线路径形状。然后在工具箱中，选择【直接选择工具】，将鼠标移至路径的锚点和手柄处进行曲线路径形状的微调（图 2-1-36），最终得到所需复杂曲线（图 2-1-37）。

图 2-1-33　基本曲线

图 2-1-34　添加锚点工具

图 2-1-35　添加新的锚点

图 2-1-36　曲线路径形状的微调

图 2-1-37　复杂曲线

第二节　Photoshop CS6 制图基础

一、Photoshop CS6 简介

Adobe Photoshop 是目前功能最为强大、应用最为广泛的图形图像编辑软件，它具有同类产品所无法比拟的优越性能，已经成为桌面出版、图像处理以及网络设计领域中的行业标准。Photoshop 7.0 之后的 8.0 版本命名为 Adobe Photoshop CS，CS 是 Adobe Creative Suite 软件中后面两个单词的缩写，表示创作集合，是一个统一的设计环境。

Adobe Photoshop CS6 仍然支持主流的 Windows 和 Mac OS 操作平台。推荐使用 64 位操作系统。Adobe Photoshop CS6 具有功能强大的摄影工具以及可实现出众的图像选择、图像润饰和逼真绘画的突破性功能。

Adobe Photoshop CS6 和 Photoshop CS6 Extended 新功能中添加了 3D 图像编辑和 Photoshop Extended 量化图像分析功能；增加了内容识别修复功能，利用最新的内容识别技术更好地修复图片。

二、Photoshop CS6 工作界面

Photoshop CS6 软件安装完成后，执行"开始→所有程序→Photoshop CS6"命令或者双击桌面的快捷图标，即可进入 Photoshop CS6 的工作界面（图 2-2-1）。Photoshop 采用了全新的用户界面，背景选用深色，以便更关注自己的图片。工作界面主要包括菜单栏、控制栏、工具箱、面板、编辑区等。

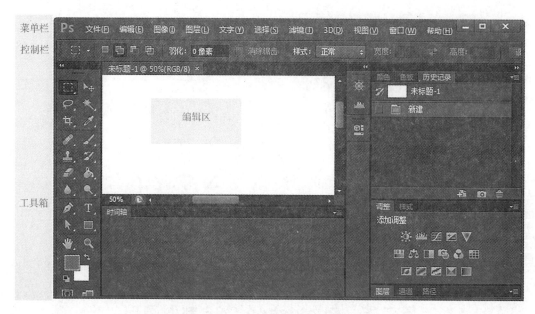

图 2-2-1　Photoshop CS6 工作界面

（一）菜单栏

Photoshop CS6 软件的大部分命令都放置在菜单栏里，软件主要功能都可以通过执行菜单栏中的命令来完成。在菜单栏中包括文件、编辑、图像、图层、文字、选择、滤镜、3D、视图、窗口和帮助共 11 个功能菜单（图 2-2-2）。

图 2-2-2　菜单栏

（二）控制栏

控制栏在无文档操作时为空白状态，当编辑区有文档时，在控制栏会显示所选择文档的相关属性，并能对相关属性数据进行设置，使所选择的对象产生相应的变化（图 2-2-3）。

图 2-2-3　控制栏

（三）工具箱

工具箱包含了四十多种可用工具，运用工具箱中的工具可以完成创建选区、绘画、绘图、取样、编辑、移动、注释和查看图像等操作。还可以改变图像的前景色和背景色，使用不同的图像显示模式以及在 Photoshop 和 ImageReady 应用程序之间切换（图 2-2-4）。

（四）浮动面板

Photoshop CS6 提供了 24 个控制面板，并按照功能分类组合在一起，控制面板部分分为两个竖排排列，第一个竖排排列在默认情况下是隐藏的，通过点击右上角的按钮即可打开或者隐藏控制面板。第二竖排控制面板也同样可以被隐藏和扩展开，如图 2-2-5 所示。可以通过点击菜单栏里的"窗口"按钮实现添加或减少，打上对勾后即可在右边的控制面板区域内展示。

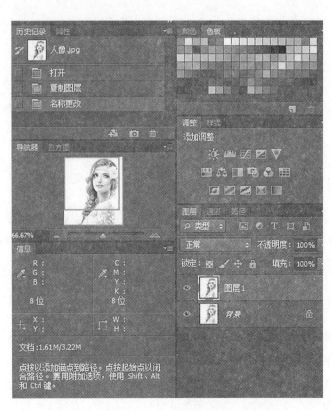

图 2-2-4　工具箱　　　　　　　　　　图 2-2-5　浮动面板

三、Photoshop CS6 基本操作

(一) 新建文件

在运行软件后，执行菜单栏中的"文件→新建"命令，即可弹出"新建文件"对话框 (图 2-2-6)。在对话框中，设置新建文档的各个属性，点击"确定"。

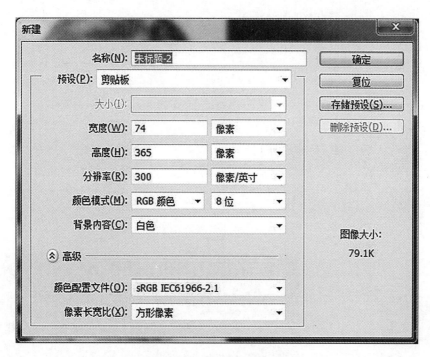

图 2-2-6　新建文件对话框

(二) 打开已有文件

在运行软件后，执行菜单栏中的"文件→打开"命令，即可弹出"打开"对话框 (图 2-2-7)。对话框下方的"文件类型"内可以设置所需文件类型，以缩小查找范围，找到所需文档后，点击"打开"即可打开所需文件。

(三) 存储文件

需要将制作完成或制作过程中的文件进行存储时，执行菜单栏中的"文件→存储"命令或者"文件→存储为"命令。随即弹出"存储为"对话框 (图 2-2-8)。注意选择"保存类型"，点击"保存"。如果保存为 Photoshop (＊PSD＊PDD) 格式，则是 Photoshop 的专用格式，它能保存图像数据的每一个细节，确保图层之间相互独立，便于以后进行修改。

图 2-2-7 打开对话框

图 2-2-8 存储文件对话框

（四）图像的查看

1. 缩放工具和抓手工具

选中对象，用缩放工具进行缩放，或者选择菜单栏中的"视图 → Ctrl + +、Ctrl+-"命令，完成对对象的缩放。当对象放大到一定程度，不能全屏显示时，选择抓手工具进行调整，按下鼠标左键进行对象的移动。

图 2-2-9　导航器

2. 导航器

选择"窗口→导航器"，弹出对话框如图 2-2-9 所示，通过缩放滑块改变"图像大小"，导航器中的矩形框代表"图像的显示范围"。

四、Photoshop CS6 工具使用

（一）基本工具使用

1. 选区工具

选区工具共有四种：矩形选框工具、椭圆选框工具、单行选框工具和单列选框工具，默认选区工具为矩形选框工具（图 2-2-10）。

选中矩形选框工具后，可以用鼠标在图层上拉出矩形选框。

新选区：去掉旧的选择区域，选择新的区域。

添加到选区：在旧的选择区域的基础上，增加新的区域。

从选区减去：在旧的选择区域中，减去新的选择区域与旧的选择区域相交的部分，形成最终的选择区。

与选区交叉：新的选择区域与旧的区域相交的部分为最终的选择区域。

2. 套索工具

套索工具也是一种常用的选取工具，可以制作出直线线段或徒手描绘外框的选取范围，它包括套索工具、多边形套索工具、磁性套索工具三种（图 2-2-11）。

图 2-2-10　矩形选框

图 2-2-11　套索工具

3. 魔术棒工具

魔术棒工具以图像中相近的色素来建立选区范围，此工具可以用来选择颜色相同或相近的整片的色块，在一些具体的情况下既可以节省大量的精力，又能达到意想不到的效果。

4. 裁剪工具

在实际作图的过程中，经常会用到图像的裁剪，可以使用工具箱中的裁剪工具（图 2-2-12），或执行"图像→裁切"命令来实现，也可以执行"图像→裁切"命令来修建图像。

图 2-2-12 裁剪工具

（二）修饰工具的使用

1. 图章工具

图章工具内含两个工具，分别是仿制图章工具和图案图章工具（图 2-2-13）。

图 2-2-13 图章工具

（1）仿制图章工具：仿制图章工具可以从图像中选择一块区域作为样本，然后可将该样本应用到其他图像或同一图像的其他部分。

使用步骤：

①首先，选中仿制图章工具。

②把鼠标移动到想要复制的图像上，按住<Alt>键，这时图标变为选中复制起点后，松开<Alt>键。

③这时就可以拖动鼠标在图像的任意位置开始复制，十字指针表示仿制时的取样点（图 2-2-14）。

仿制图章工具任务栏包括画笔、模式、不透明度、对齐等。

选中"对齐"选项后，不管停笔后再画多少次，每次复制都间断其连续性，这种功能对于用多种画笔复制一张图像是很有用的；如果取消此项，则每次停笔再画时都从原先的起画点起，此时适用于多次复制同一图像。

（2）图案图章工具：图案图章工具用来复制预先定义好的图案。使用此工具时首先要定义图案（图 2-2-15）。

使用步骤：

①选择图案图章工具。

②在选项栏中选取画笔笔尖，并设置画笔选项（混合模式、不透明度和流量）。

③在选项栏中选择"对齐"，会对像素连续取样，而不会丢失当前的取样点，即使松开鼠标按键时也是如此。如果取消选择"对齐"，则会在每次停止并重新开始绘画时，使用初始取样点中的样本像素。

图 2-2-14　仿制图章工具

图 2-2-15　图像图章工具

④在选项栏中，从"图案"弹出调板中选择图案。

⑤如果希望对图案应用印象派效果，请选择"印象派效果"。

⑥在图像中拖移可以使用该图案进行绘画。

2. 修复工具

Photoshop 的修复画笔工具内含五个工具，它们分别是污点修复画笔工具、修复画笔工具、修补工具、内容感知移动工具和红眼工具（图 2-2-16）。

3. 画笔

Photoshop 的画笔中内含四个工具，它们分别是画笔工具、铅笔工具、颜色替换工具和混合器画笔工具（图 2-2-17）。

图 2-2-16 修复工具

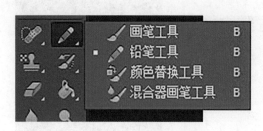

图 2-2-17 画笔工具

4. 橡皮工具

Photoshop 的橡皮工具内含三个工具，它们分别是橡皮擦工具、背景橡皮擦工具和魔术橡皮擦工具（图 2-2-18）。

5. 文字工具

Photoshop CS6 的文字工具选框中有横排文字工具、直排文字工具、横排文字蒙版工具以及直排文字蒙版工具（图 2-2-19、图 2-2-20）。

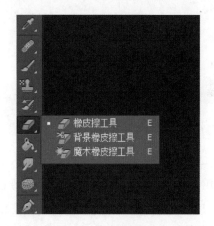

图 2-2-18 橡皮工具

图 2-2-19 文字工具

图 2-2-20 文字工具组

6. 选择工具

Photoshop 的选择工具选框内有路径选择工具、直接选择工具（图2-2-21、图2-2-22）。用直接选择工具选择路径后所有锚点都将显示为白色小框，单击锚点可以进行调整。

图 2-2-21　路径选择工具

图 2-2-22　直接选择

五、图层

（一）图层的基本操作

1. 图层的概念

图层就像一张张叠在一起的胶片，最上层的图像挡住下面的图像，使之看不见；上层图像中没有像素的地方为透明区域，通过透明区域可以看到下一层的图像。图层是相对独立的，对其中一个图层编辑时，不影响其他层，而且每次只能在一个图层上工作，不能同时编辑多个图层（图 2 -2-23）。

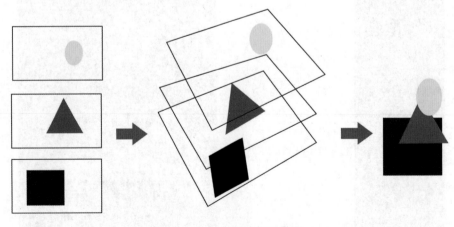

图 2-2-23　图层编辑示意图

2. 新建图层

执行"图层→新建→图层"命令后，就会出现如图 2-2-24 所示的窗口，确定参数以后，就会生成一个新的图层。当然还可以直接点击面板上的新建图层的图标生成一个新的图层，而面板的参数就是新建图层的参数。

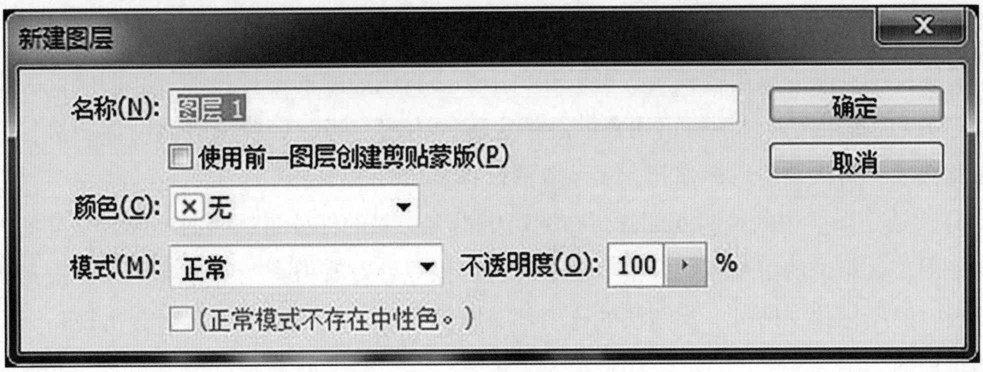

图 2-2-24　新建图层

通常还会用到另一种创建图层的方法，即执行"文件→新图层"，将原图层的某一部分单独拷贝建立一个新的图层。

3. 复制图层

执行"图层→复制图层"的命令后，将得到与当前在编辑图层完全一样的一份拷贝（图 2-2-25）。当然，也可以将该图层的小缩略图直接拖到面板右下角新图层的图标上即可，这个操作方法有利于对一些操作效果进行快速地保存，因为拷贝后的图层可以直接进行下一步的操作。

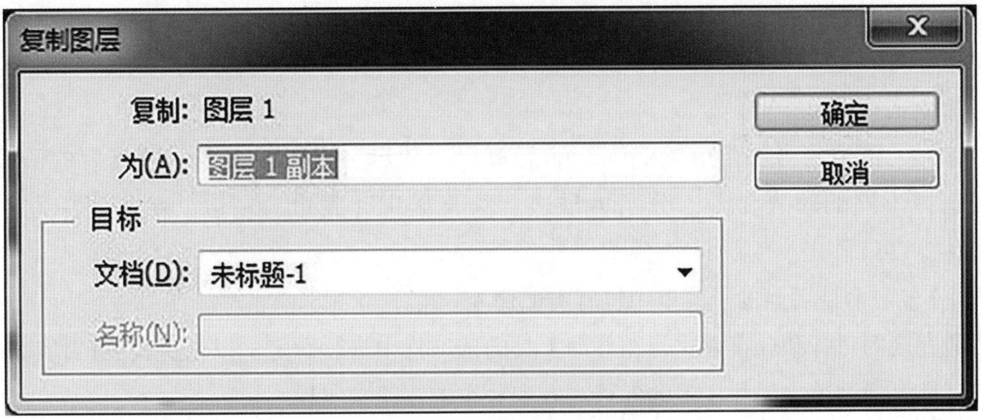

图 2-2-25　复制图层

4. 图层的删除与移动

在图层弹出菜单中执行"删除→图层"命令，或选择调板中"删除图层"命令，都可以删除图层。

移动图层时，如果每次移动 10 像素的距离，可在按住 \<Shift\> 键的同时，按键盘上的箭头键，如果想控制移动的角度，可在移动时按住 \<Shift\> 键，就能以水平、垂直或 45°角移动。如果要以 1 个像素的距离移动，可直接按键盘上的方向键。每按一次，图层中的图像或选中的区域就会移动 1 个像素。

5. 图层的锁定

将图层的某些编辑功能锁定，可以避免不小心将图层中的图像损坏。在图层调板中的"锁定"后面提供了 4 种图标可用来控制锁定不同内容。当鼠标单击时该图标凹进，表示选中此选项；再次单击图标弹起，表示取消选择。

（1）锁定图层中的透明度部分：在图层中没有像素的部分是透明的，或者是空的。所以在使用工具箱中的工具或执行菜单命令时，可以只针对有像素的部分操作，方法是将图层调板中的图标选中即可，当图层的透明部分被锁定后，在此图层的后面会出现一个半透明的小锁的图标。

（2）锁定图层中的图像编辑：当选择图标后，不管是透明部分还是图像部分都不允许进行任何编辑。

（3）锁定图层的移动：当选择图标后，本图层上的图像就不能被移动或进行任何编辑。

（4）锁定图层的全部：当选中图标后，图层或图层组的所有编辑功能将被锁定，图像将不能进行任何编辑。

（5）锁定全部链接：在图层被链接的情况下，可以快速地将所有链接的图像锁定。执行"图层→锁定图层"命令，可以弹出"锁定图层"对话框，在该对话框中可以分别设定各锁定项："透明区域""图形""位置"或"全部"。

6. 图层排列、对齐、分布

如果图层上的图像需要对齐，除了使用参考线进行参考之外，还可以执行"图层→对齐"命令来实现。

首先，需要将各图层链接起来，然后执行"图层→对齐"命令，在其后的子菜单中可选择不同的对齐命令，分别为顶边、垂直居中、底边、左边、水平居中和右边（图 2-2-26）。

"分布"命令后面的子菜单中也有类似命令。

最直接的对齐和分布方式是在移动工具的选项栏中进行设定，以上所提到的所有子菜单项目都可通过单击任务栏中的各种对齐和分布的按钮来实现。

在图层调板中，可以直接用鼠标任意改变各图层的排列顺序，如果想将"图层 1"放到"图层 3"的下面，只需用鼠标将其拖拽到"图层 3"的下线处，当下线变黑后，鼠标松开即可（图 2-2-27、图 2-2-28）。另外，也可以通过执行"图层→排列"命令来实现同样的操作。

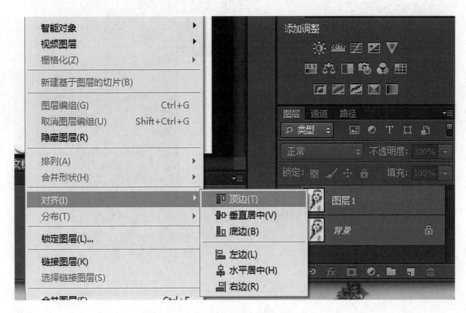

图 2-2-26　图层对齐菜单

图 2-2-27　图层拖拽

图 2-2-28　图层排列

（二）图层蒙版

1. 概念

使用蒙版可保护部分图层，令该图层不能被编辑；蒙版可以控制图层区域内部分内容隐藏或是显示；更改蒙版可以对图层应用各种效果，不会影响该图层上的图像（图 2-2-29）。

图 2-2-29　图层蒙版

图层蒙版是灰度图像，因此用黑色绘制的内容将会隐藏，用白色绘制的内容将会显示，而用灰色调绘制的内容将以各级透明度显示。

添加蒙版后，所做的操作是作用在蒙版上，而不是图层上。

其常用于图像的合成中，让两个图像无缝地合成在一起。

2. 蒙版的常用操作

（1）添加蒙版：单击图层面板上的添加蒙版按钮（图 2-2-30）。

（2）停用图层蒙版：在图层栏蒙版缩略图单击右键，弹出命令对话框，选择"停用图层蒙版"（图 2-2-31）。

图 2-2-30　添加图层蒙版按钮

图 2-2-31　停用图层蒙版

（3）启用图层蒙版：在图层栏蒙版缩略图单击右键，弹出命令对话框，选择"启用图层蒙版"（图 2-2-32）。

图 2-2-32 启用图层蒙版

（4）应用图层蒙版：在图层栏蒙版缩略图上单击右键，选择"应用图层蒙版"，蒙版的效果即应用在图层上，而蒙版会被去除（图 2-2-33）。

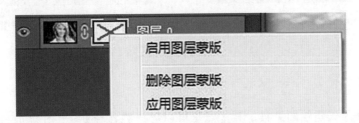

图 2-2-33 应用图层蒙版

（5）删除蒙版：用鼠标左键按住蒙版缩览图向右下拖动到删除按钮上（图 2-2-34）。

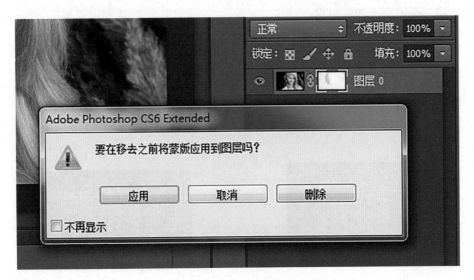

图 2-2-34 删除蒙版

（三）快速蒙版

"快速蒙版"模式可以将任何选区作为蒙版进行编辑，而无需使用"通道"调板。将选区作为蒙版来编辑的优点是灵活，而且几乎可以使用任何 Photoshop 工具或滤镜修改蒙版。例如，如果用选框工具创建了一个矩形选区，可以进入"快速蒙版"模式并使用画笔扩展或收缩选区，也可以使用滤镜扭曲选区边缘；也可以使用选区工具，因为快速蒙版不是选区（图 2-2-35、图 2-2-36）。

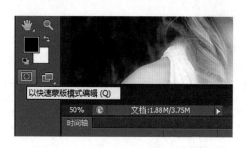

图 2-2-35　标准模式编辑按钮

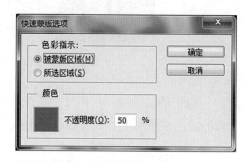

图 2-2-36　快速蒙版选项

六、路径

钢笔工具属于矢量绘图工具，其优点是可以勾画平滑的曲线，在缩放或者变形之后仍能保持平滑效果。钢笔工具画出来的矢量图形称为路径，路径可以是不封闭的开放状，如果把起点与终点重合绘制就可以得到封闭的路径。路径均由锚点、锚点间的线段构成。锚点和锚点之间的相对位置关系，决定了这两个锚点之间路径线的位置，锚点两侧的控制手柄控制该锚点两侧路径线的曲率。

（一）钢笔工具

在 Photoshop CS6 中，有专门的工具用于路径的操作，其中最常用到的是钢笔工具组和路径选择工具组（图 2-2-37、图 2-2-38），它们分别集成在工具箱中的两个图标按钮上。

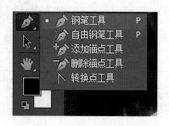

图 2-2-37　钢笔工具

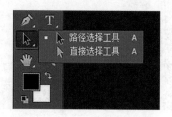

图 2-2-38　路径选择工具

（二）形状工具

现在已经学会了用钢笔来勾画任意的路径形状了，但很多时候并不需要完全从无到有地来绘制一条新路径。

Photoshop 提供了一些基本的路径形状，
使用形状工具可以绘制出各种简单的形状
图形或路径。在工具箱中，默认情况下显
示的形状工具为矩形工具，在该按钮上按住
鼠标稍等片刻或右击，可以打开该工具组，
将其他形状工具显示出来（图 2-2-39）。该
工具组中包括矩形、圆角矩形、椭圆、多
边形、直线和自定形状 6 种工具，配合选项
栏可以绘制出各种形状图形。

图 2-2-39　形状工具

只需在这些基本路径的基础上加以修改，便能形成需要的形状。这样不仅快速，并且
效果也比完全手工绘制要好。

（三）形状工具选项栏说明

任意选择一个形状工具，便可以在 Photoshop 界面顶端看到其工具选项栏（图 2-2-40）。
在工具箱中可以选择需要的形状工具，也可以在选项栏中直接选择需要的形状工具。

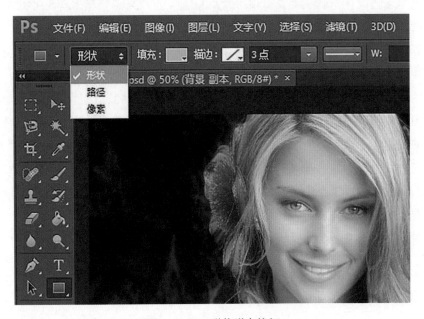

图 2-2-40　形状形态按钮

在工具选项栏的前方有三个设置形状形态的按钮"形状"图层按钮、"路径"按钮、
"像素"填充按钮（其中"形状"图层和"路径"都是矢量选项，用户可以自由地编辑处
理形状）。设置这三个按钮可以创建出具有很大差异的形状图形。"形状"是在单独的图
层中绘制一个或多个形状。"路径"是在当前图层中绘制一个临时工作路径，可随后使用

它来创建选区和矢量蒙版，或者使用颜色填充和描边以创建栅格图形。绘制完成后可在"路径"面板中进行存储。"像素"是直接在选中图层上绘制，与绘画工具的功能非常类似。在此模式中工作时，创建的是位图。此模式中只能使用形状工具。在羊毛衫设计中可以充分利用"钢笔工具"绘制选区，进行色彩图案的填充替换等工作。

第三节　富怡毛衫工艺 CAD 基础

毛衫工艺系统是为羊毛衫行业提供的计算工艺专用软件，界面简洁而友好，思路清晰而明确，工具功能强大，使用方便，在竞争激烈的羊毛衫市场中为用户提高生产效率、缩短生产周期、提高羊毛衫产品的技术含量和附加值提供了强有力的保障。目前，应用在羊毛衫设计方面的工艺系统主要有澎马系统、彩路服装设计系统、富怡纺织服装图艺设计系统和琪利 KDS 系统等。

富怡纺织服装图艺设计系统具有五大功能模块，其中针织面料设计模块主要可以进行逼真的针织面料三维模拟显示，所见即所得的交互式设计方案，智能型的针织组织库，使得针织面料设计变成了一种艺术享受。

富怡毛衫工艺设计系统主要具有以下特点：①工艺师只需要输入羊毛衫尺寸数据和相关的款型特征，不需要手工进行任何计算就能直接生成所需的羊毛衫工艺衣片。②羊毛衫工艺的计算公式可以按照用户的习惯和特点进行个性化设置并分类保存。③具有强大的工艺调整功能。④具有切割衣片、自由手画衣片、衣片模板、旋转衣片多种功能。⑤具有智能衣片间色排版解析、间色对夹和间色标注的生成功能。⑥具有打印预览、字体、字号、颜色、绘图等多种辅助功能。⑦可进行自动放码，根据不同需要放出不同的码数。⑧可进行羊毛衫的成本、下机衣片的工时、理论毛重和净重的计算。⑨能储存巨量的工艺资料，可根据任何条件进行查找。⑩可编辑打印羊毛衫工艺单、羊毛衫工时表、羊毛衫毛纱统计表。⑪可编辑排针、直线、虚线、折线、曲线、箭头线、文本对象。⑫可实现设计的多元化，系统着重加强时装款式的设计功能。

本节对富怡针织毛衫设计系统进行简要介绍，详细使用操作可以学习系统自带的帮助文件。

一、工作界面

（一）工艺设计 CAD 模块启动

富怡纺织服装图艺设计软件安装完成后，执行"开始→所有程序→富怡纺织服装图艺设计系统→毛衫工艺设计模块"命令或者双击桌面的快捷图标，即可进入毛衫工艺设计系统的 CAD 工作界面（图 2-3-1）。工作界面主要包括工具条、参数设置界面等。

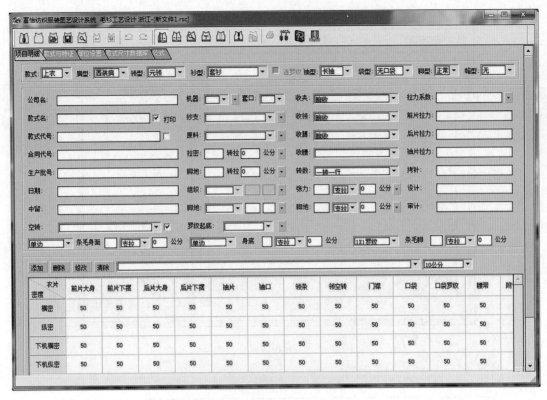

图 2-3-1 工艺设计系统的 CAD 工作界面

（二）工具条

工艺软件的大部分命令都放置在工具条里，软件主要功能可以通过执行工具栏中的命令来完成。在工具条中有多文档管理器、新建工艺文件、打开工艺文件、保存工艺文件等功能（图 2-3-2）。

图 2-3-2 工具条

1. 多文档管理器

多文档的操作管理（图 2-3-3）。

2. 新建工艺文件

新建毛衫工艺设计文件。点击按钮会弹出参数设置窗口。

3. 打开工艺文件

打开已保存的工艺文件。

选择打开工艺文件命令，弹出对话框（图 2-3-4），选择要打开的工艺文件，再单击打开 。

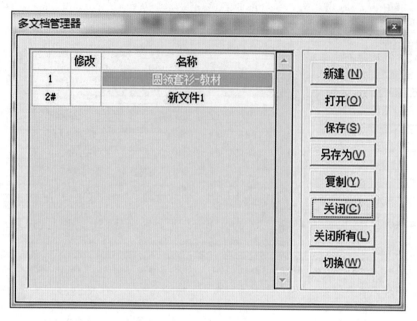

图 2-3-3　多文档管理对话框

图 2-3-4　打开富怡毛衫工艺文件

4. 🔲保存工艺文件

将当前编辑的毛衫工艺数据保存成工艺文件。

在完成工艺文件的编辑操作后，通过"保存工艺文件"命令可将当前的工艺数据进行保存，选择命令，弹出对话框（图 2-3-5）。

图2-3-5　保存富怡毛衫工艺文件

5. 查找文件

按条件在指定目录下查找工艺文件。选择查找文件命令，弹出对话框（图2-3-6）。

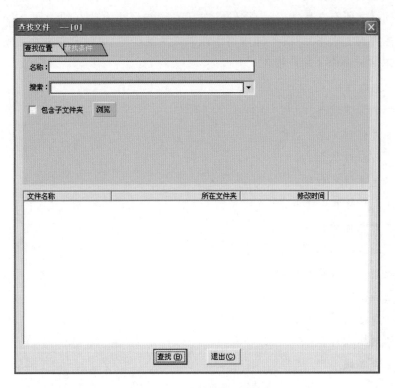

图2-3-6　查找文件对话框

6. 衣片排针图引出

将当前编辑衣片排针图引出到富怡设计工作区。

7.  衣片图案排针图保存

将当前编辑衣片图案排针图保存成图像文件（图 2-3-7）。

图 2-3-7　保存衣片图案排针图

8. 撤消衣片设计中的操作。

9. 重做衣片设计中的操作。

需要注意的是：①撤消/重做的次数不限。②快捷键-A：重做操作。③快捷键-Z：撤消操作。④规格中所有衣片的撤消/重做操作互不影响，即为独立的操作（如规格中的前片、后片、袖片等的操作）。⑤不同规格中相同衣片的撤消/重做操作相互影响，即为相关的操作（如不同规格中的前片操作）。

10. 参数设置

切换到参数设置状态。

11. 衣片设计

切换到衣片设计状态。

12. 工艺单编辑打印

切换到工艺单编辑打印状态。

13. 工时表编辑打印

切换到工时表编辑打印状态。

14. 毛纱统计表编辑打印

切换到毛纱统计表编辑打印状态。

15. 计算基码

计算基码规格衣片。

16. 衣片管理

修改衣片属性和衣片操作（复制 | 添加 | 覆盖 | 删除）（图 2-3-8）。

17. 模板重算

计算规格模板衣片。

18. 打印

工艺单（工时表 | 毛纱统计表）的打印。

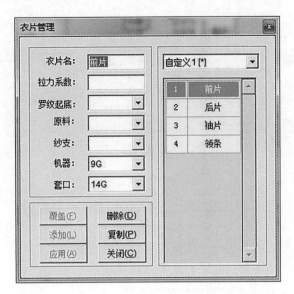

图 2-3-8　衣片管理

19. 设置

衣片设计或编辑打印（工艺单｜工时表｜毛纱统计表）的属性设置。

20. 关于

关于毛衫工艺设计模块。

21. 退出

退出毛衫工艺设计模块。

若工艺文件已修改，且没有保存，则提示（图 2-3-9）：

图 2-3-9　提示保存工艺对话框

（1）点击"是"：出现保存工艺文件对话框（图 2-3-5）。

（2）点击"否"：退出毛衫工艺设计模块，且不保存工艺文件。

（3）点击"取消"：取消命令，系统继续运行。

22. 其他操作

（1）标注重置：设置工艺标注位置为系统默认位置 标注重置 。

（2）规格选择：切换编辑规格号型 L [*] 。

单击下拉规格列表，如图 2-3-10（1）所示。

① ：显示规格衣片。

② ：隐藏规格衣片（当前编辑的规格不能隐藏）。

③ ：衣片边线颜色。

④自定义 1：规格名称。

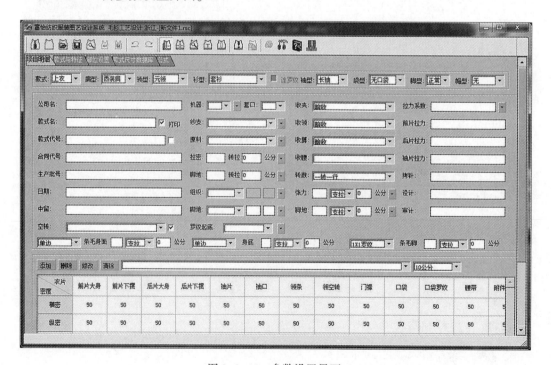

（1）规格列表　　　　（2）规格衣片边线颜色修改　　　　（3）修改规格名称

图 2-3-10　规格选择

⑤【*】：基码标识。

⑥双击下拉规格列表衣片边线色块弹出对话框修改颜色，如图 2-3-10（2）所示。

⑦右击号型名称：出现修改号型名称对话框，如图 2-3-10（3）所示。

（3）选择编辑箭头线类型：［───→ ▼］。

（4）编辑箭头线颜色：［C］。

（5）设置文本字体：［B I A C 宋体 ▼ IS］。加粗、斜体、下划线、颜色、字型、字号。

二、参数设置

图 2-3-11 为参数设置界面。

图 2-3-11　参数设置界面

参数设置界面包括五个工作页面
(图 2-3-12)：项目明细、款式与特
征、部位设置、款式尺寸数据库和
公式。

图 2-3-12 参数设置工具条

(一) 项目明细

项目明细主要是设置工艺参数和所有衣片密度（图 2-3-13）。

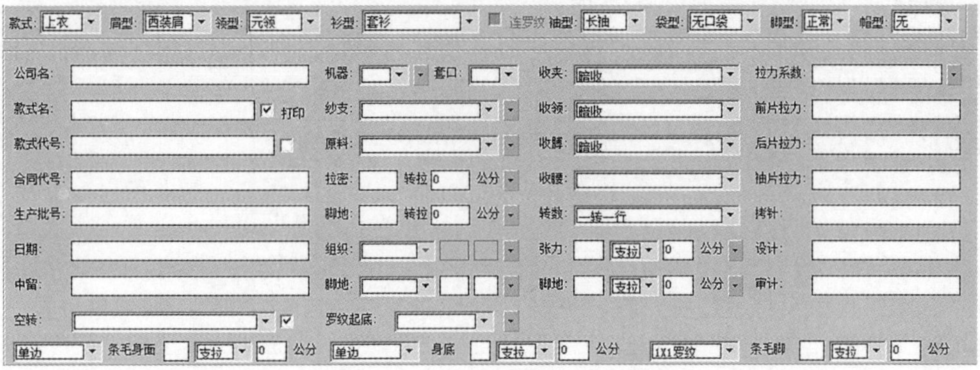

图 2-3-13 工艺参数设置界面

1. 工艺参数的设置

说明：

（1）中留：开领标注的中留表示。例如编辑为中封，则开领标注表示"平摇 10 转中
封 10 针开领"；若为空则表示为"平摇 10 转中留 10 针开领"。

（2）拷针：前片（后片、袖片）拷针表示。例如编辑为套，则拷针标注表示为"套
10 针"；若为空则表示为"拷 10 针"。

2. 衣片密度的设置

衣片密度的设置界面如图 2-3-14 所示。

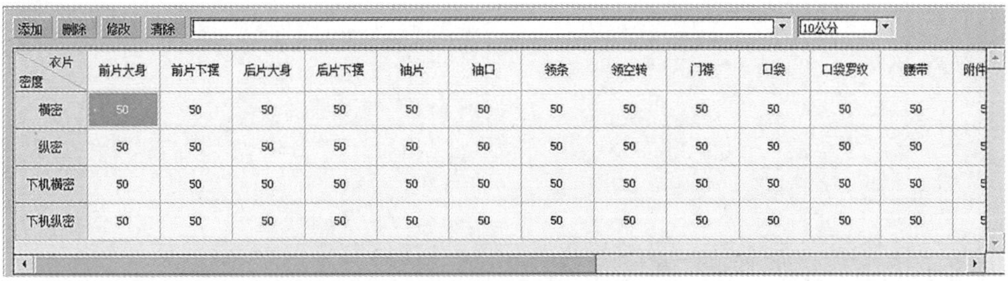

图 2-3-14 衣片密度设置界面

(二) 款式与特征

主要包括特征设置与收（放）针设置（图 2-3-15）。

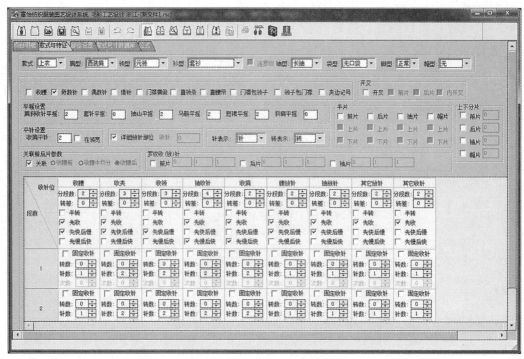

图 2-3-15 款式与特征设置界面

（三）部位设置

包括衣型选择、衣型所有部位、款式部位三部分（图 2-3-16）。

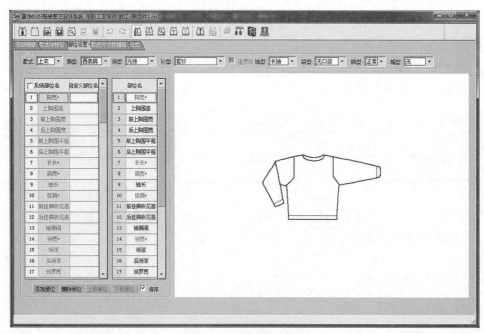

图 2-3-16 部位设置界面

(四) 款式尺寸数据库

主要包括衣型选择、所有号型的部位尺寸表格、参数部位尺寸表、注释、尺寸数据库管理 (图2-3-17)。

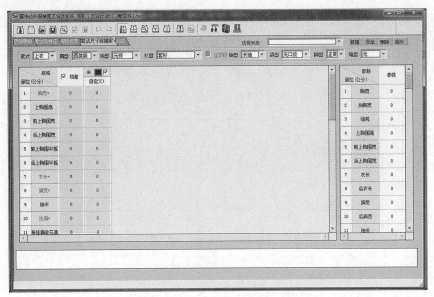

图 2-3-17　款式尺寸数据库界面

(五) 公式

主要包括衣型选择、公式部位列表、测量部位列表、参数部位列表、部位公式编辑 (图2-3-18)。

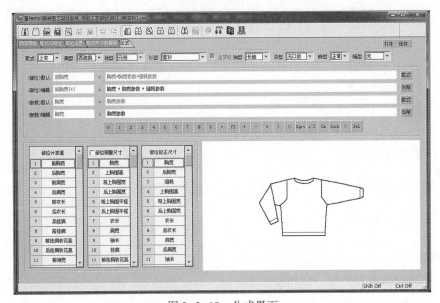

图 2-3-18　公式界面

三、衣片设计

衣片设计由衣片设计工作区和衣片操作命令面板两部分组成，命令面板上各种命令在衣片设计区中实现对衣片的各种编辑操作（图 2-3-19）。

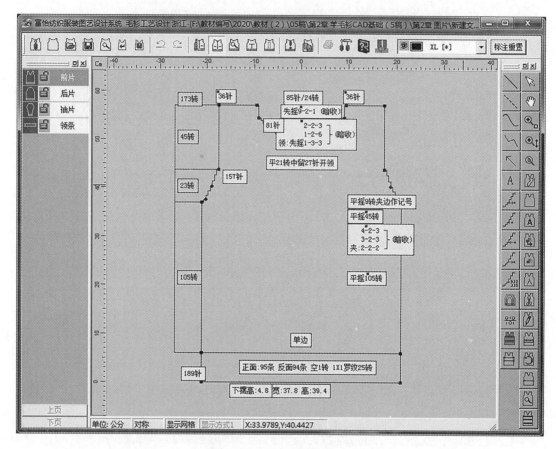

图 2-3-19　衣片设计界面

（一）基本选项设置

设置界面如图 2-3-20 所示。

（二）状态栏设置

可以设置单位、是否对称显示、是否显示网格等（图 2-3-21）。

（三）常用操作工具

1. 命令面板

命令面板包括：衣片区、常用操作工具区、标注操作区、控制点操作区以及其他操作区（图 2-3-22）。

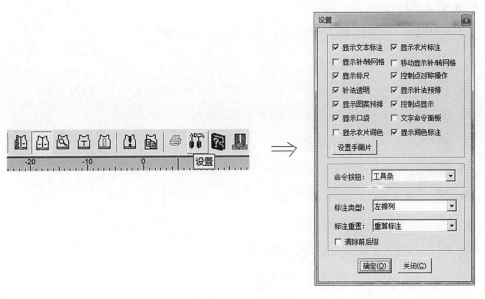

图 2-3-20　设置界面

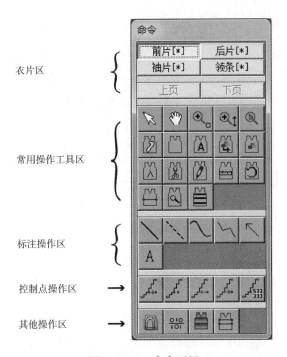

图 2-3-21　状态栏设置

图 2-3-22　命令面板

2. 常用工具操作区

(1) 选取：对象选择、对象移动及工艺标注的编辑。

(2) 工艺标注：切换显示（隐藏）工艺标注。

(3) 载入图案：将工作区的选框图像加载到当前编辑衣片大小内的图案。

(4) 图案预排：当前编辑衣片的图案编辑排版。

(5) 针法预排：当前编辑衣片的针法编辑排版。

(6) 切割衣片：切割当前编辑的衣片，然后添加到当前号型中。

(7) 自由衣片：自由手画设计衣片。

(8) 衣片模板：定义衣片模板。

(9) 矩形放大：用鼠标选择矩形放大。

(10) 衣片旋转：旋转当前编辑衣片。

(11) 关联点控制：关联两控制点方点为对称点。

(12) 打印排版标注：编辑打印排版标注的位置。

(13) 尺子测量：测量两控制点的距离（尺寸、针/转）。

(14) 实时缩放：鼠标拖动实时的放大或缩小。

(15) 移动：光标移动水平和垂直滚动条位置。

(16) 原图/针图：切换显示原图与针图。

(17) 全图：全屏显示图片。

3. 控制点操作区：

(1) 移动控制点：用鼠标移动控制点（方点或圆点）。

(2) 点微调：输入移动偏移量移动控制点或线段。

(3) 添加控制点：用鼠标添加控制点（方点或记号点）。

(4) 删除控制点：用鼠标删除控制点（方点）。

(5) 收放针分配：选择两控制点段，重新计算收放针分配。

4. 其他操作区：

(1) 尺寸放码：根据当前款式尺寸数据库中放码号型尺寸数据生成放码号型衣片。

(2) 排针：编辑生成排针标注。

(3) 间色管理：从富怡工作区中的选择图像内解析出间色信息（图 2-3-23）。

(4) 间色对夹：各衣片的间色对夹操作，进入对夹操作状态（图 2-3-24）。

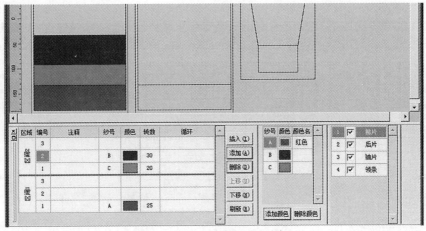

图 2-3-23 间色编辑对话框

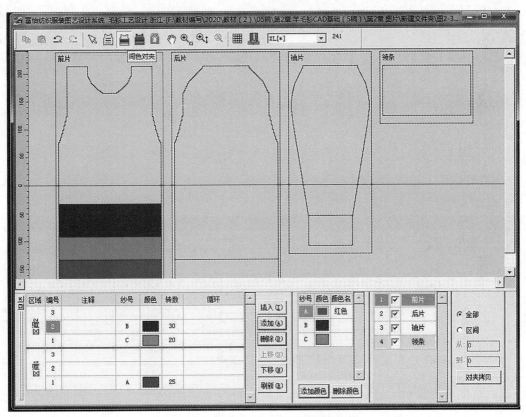

图 2-3-24 间色对夹操作状态

四、编辑打印

(一) 工艺单编辑打印

对要打印的工艺单作编辑排版操作 (图 2-3-25)。

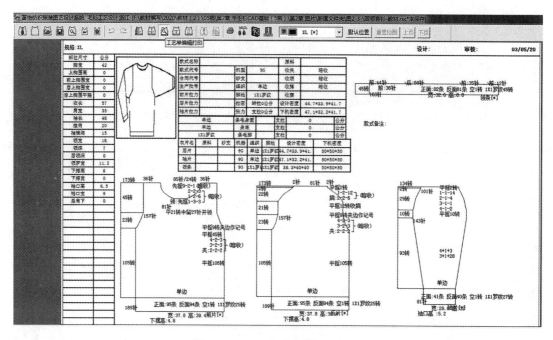

图 2-3-25 工艺单打印编辑界面

(二) 工时表编辑打印

对要打印的工时表作编辑排版操作 (图 2-3-26)。

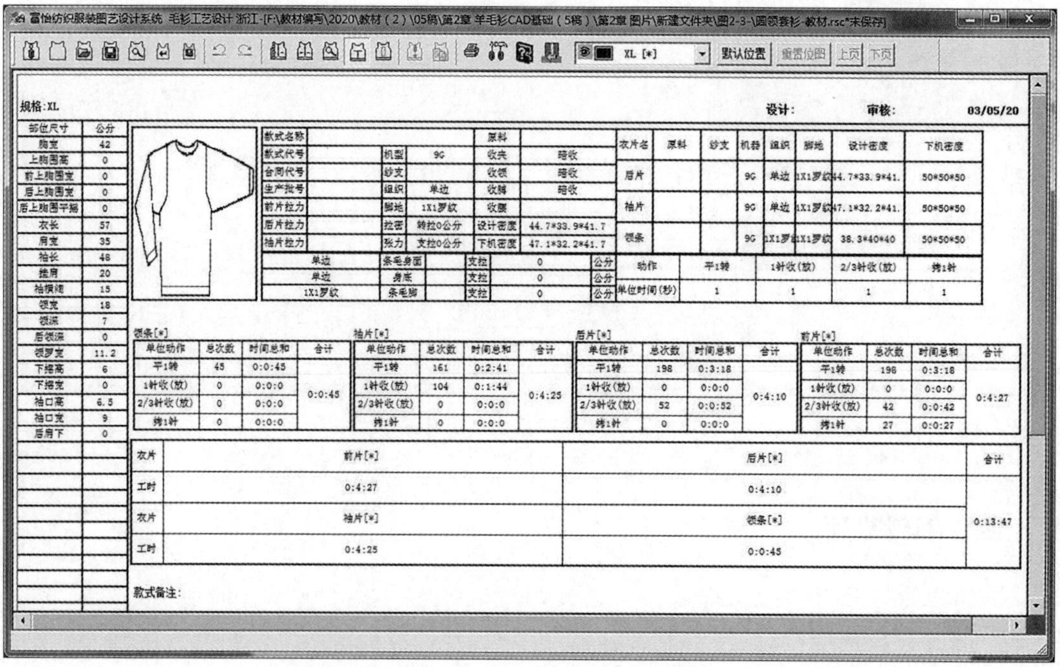

图 2-3-26 工时表编辑打印界面

(三) 毛衫统计表编辑打印

对要打印的毛衫统计表作编辑排版操作 (图 2-3-27)。

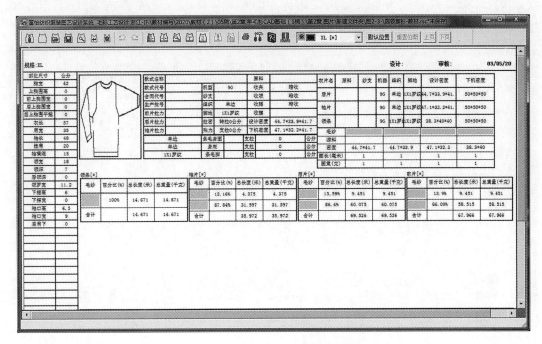

图 2-3-27　毛衫统计表编辑打印界面

第四节　琪利毛衫工艺 CAD 基础

琪利针织设计系统 (KDS) 是琪利软件最新开发的专业设计系统，软件系统包括营销展示、订单管理、款式设计、工艺制作、制版软件、模拟仿真和机器管理共 7 个模块。系统面向针织企业生产和销售的各个关键环节，通过优化配置和管理信息资源，实现企业信息的一体化。软件界面友好，使用方便。

琪利毛衫工艺设计系统主要具有以下特点：①软件将设计、工艺、制版融于一体，相互关联，层层推进，大大节省了人工成本，提高了生产效率。②软件操作简便、高效、易学，可为客户提供良好的用户体验。③软件可以将不同地域办公、操作、生产整合在同一操作平台上，使得设计要求、技术解决、成衣效果一气呵成。④软件更新升级较快，紧跟市场需要，在功能越来越强大的同时操作却越来越简单。

本节对琪利工艺设计系统进行简要介绍，具体使用操作可以阅读系统自带的帮助文件。

一、工作界面

琪利 KDS 设计软件安装完成后，执行"开始→所有程序→琪利 KDS 设计系统→工艺设计模块"命令或者双击桌面的快捷图标，即可进入工艺设计系统的 CAD 工作界面（图 2-4-1）。工作界面主要包括菜单栏、尺寸栏、工具栏及绘图区等。

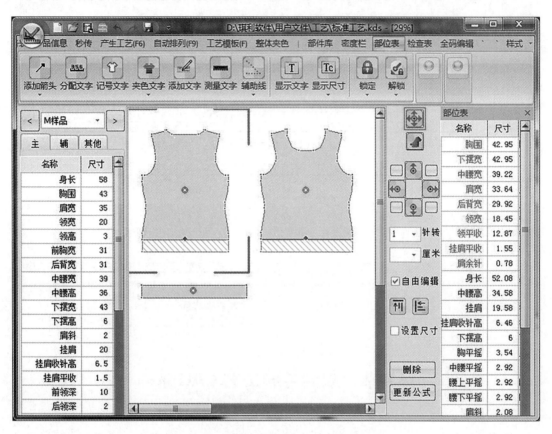

图 2-4-1　工艺设计系统的 CAD 工作界面

二、菜单栏

(一) 开始下拉菜单

工艺软件的开始下拉菜单主要包括：打开、新建、保存、另存为等命令（图 2-4-2）。

1. 新建

删除所有规格衣片工艺，新建一张画布，同时进入标准模板（图 2-4-3）。

2. 保存

保存标准工艺文件。点击按钮会弹出是否保存提示窗口。

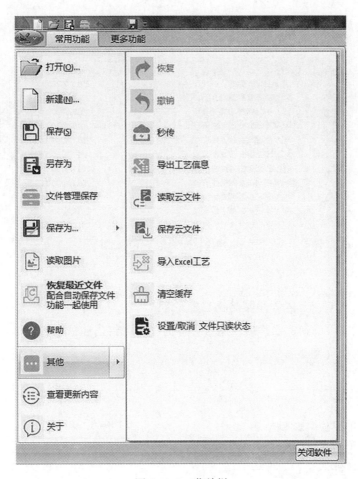

图 2-4-2 菜单栏

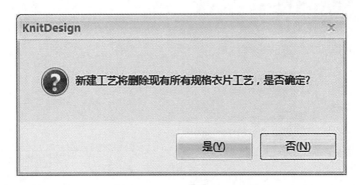

图 2-4-3 新建对话框

3. 打开

打开已保存的工艺文件。

选择打开工艺文件命令，弹出对话框（图 2-4-4），选择要打开的工艺文件，再单击打开。

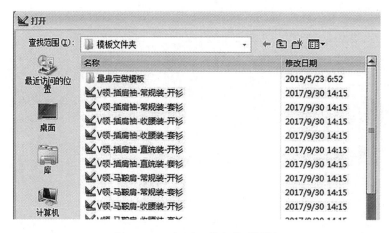

图 2-4-4　打开工艺文件对话框

4. 另存为

将当前编辑的毛衫工艺数据保存成工艺文件。

在完成工艺文件的编辑操作后，通过另存为命令可将当前的工艺数据进行保存，选择命令，弹出对话框（图 2-4-5）。

图 2-4-5　另存为对话框

5. 文件管理保存

选择文件管理保存命令，弹出对话框（图 2-4-6），可以输入客户名称、货号、原料、组织及款型等信息再进行保存。

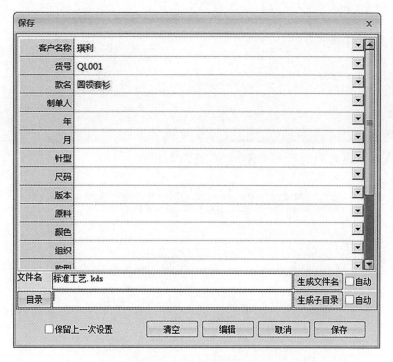

图 2-4-6　文件管理保存对话框

6. 读取图片

点击该命令，可以导入 JPG、BMP、PNG 位图进行编辑。

7. 导出工艺信息

点击导出工艺信息命令，弹出对话框如图 2-4-7 所示。

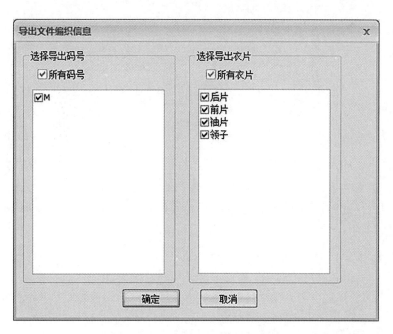

图 2-4-7　导出工艺信息对话框

8. 撤消

撤消衣片设计中的操作。

9. 恢复

重做衣片设计中的操作。

10. 秒传

秒传功能是通过网络快速读取他人的工艺文件（下载），或将自己的工艺文件通过网络迅速让他人打开查看或编辑（上传），如图 2-4-8 所示。

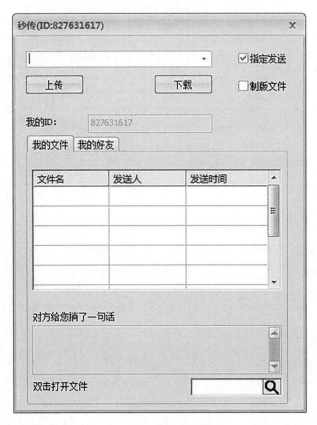

图 2-4-8　秒传对话框

上传：将自己的文件放在网络中，点击上传按钮，将会产生一个文件名称，将文件名称告诉他人，他人在自己的电脑上就可以通过下载功能读取该文件。

下载：将自己获得的文件名输入或粘贴到编辑框内，点击下载按钮，可以读取文件内容。

11. 关闭软件

点击关闭软件退出工艺设计模块。若工艺文件已修改，且没有保存，则提示（图 2-4-9）。

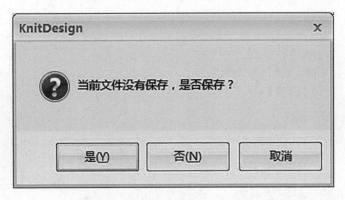

图 2-4-9　提示保存工艺对话框

（二）右键菜单栏

在工艺界面单击右键，会弹出右键菜单（图 2-4-10）。
下面将对菜单部分内容的功能及使用方法作简要
介绍。

1. 宽度

测量并显示两点间横向尺寸。常用于测量、修改
两点尺寸以及对部位进行公式定义需要显示尺寸时
（图 2-4-11）。

操作方法：先选中一个点，再右键单击另一个点
选择宽度，则界面显示两点的宽度尺寸，此时可以直
接输入尺寸进行修改，也可以双击客户尺寸部位进行
定义公式。

需要注意：（1）若两点不对称，尺寸修改时，先
选中的点为位置改变的点；（2）若两点对称，尺寸修
改时，两点同时移动。

2. 高度

测量并显示两点间纵向尺寸。常用于测量、修改
两点尺寸以及对部位进行公式定义需要显示尺寸时
（图 2-4-12）。

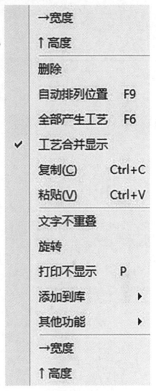

图 2-4-10　右键菜单

操作方法：先选中一个点，再右键单击另一个点并选择高度，则界面显示两点的高度
尺寸，此时可以直接输入尺寸进行修改，也可以双击客户尺寸部位进行定义公式。

需要注意的是：尺寸修改时，先选中的点为位置改变的点。

3. 全部产生工艺

自动产生当前衣片的所有工艺文字（快捷键 F6），如图 2-4-13 所示。如果起始针数
小于 1，即只有一个点，则此坯布不能产生工艺。

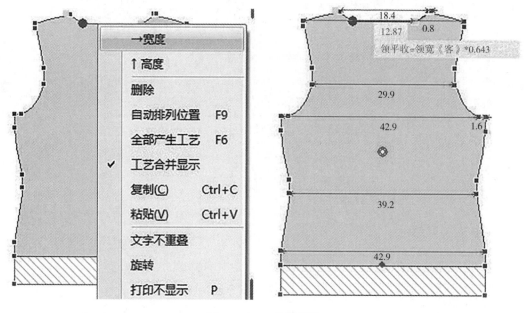

图 2-4-11　宽度测量

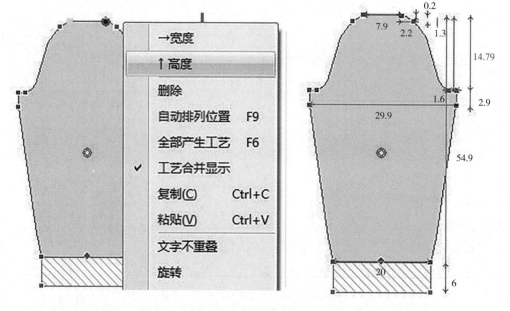

图 2-4-12　高度测量

4. 复制

复制选中衣片、坯布、文字、辅助线等（快捷键 Ctrl+C）。

5. 粘贴

粘贴剪贴板中的内容，有复制内容以后此功能方生效（快捷键 Ctrl+V）。

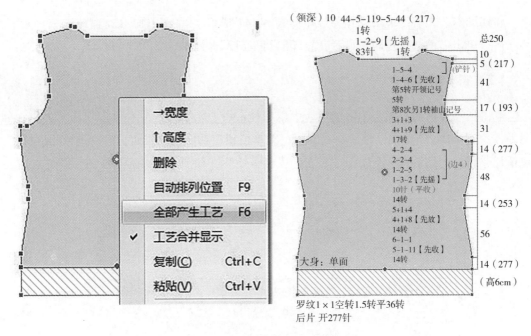

（领深）10 44-5-119-5-44（217）
1转
1-2-9【先摇】
总250
83针 1转
10
1-5-4 ┐（铲针） 5（217）
1-4-6【先收】 41
第5转开领记号
5转
第8次另1转袖山记号 17（193）
3+1+3
4+1+9【先放】 31
17转
4-2-4 14（277）
2-2-4
1-2-5 ┐（边4）
1-3-2【先摇】 48
10针（平收）
14转
5+1+4 14（253）
4+1+8【先放】
14转
6-1-1 56
5-1-11【先收】
大身：单面 14转 14（277）
（高6cm）
罗纹1×1空转1.5转平36转
后片 开277针

图2-4-13 全部产生工艺

6. 旋转

将坯布或衣片沿某个线段按一定角度旋转（图2-4-14）。

操作步骤：（1）选取基准线段：选中线段上一点，然后在另一点上单击右键选择旋转；（2）设置旋转对象：有选中点、选中衣片、选中坯布、以及选中辅助线供选择；（3）设置旋转角度：可选择旋转度数或者旋转到的度数进行输入。

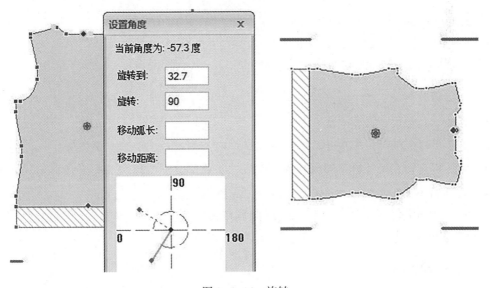

设置角度

当前角度为：-57.3度

旋转到：32.7
旋转：90
移动弧长：
移动距离：

图2-4-14 旋转

7. 打印不显示

将辅助点、文字、坯布设置为打印不显示。选择点/辅助点/辅助线/辅助区域、文字、坯布后，单击右键选择打印不显示，打印时将不显示选择对象。

（三）其他项目菜单

点击主界面顶端左侧菜单活动页，可以选择常用功能工具栏或者更多功能工具栏，如图 2-4-15 所示。点击主界面顶端右侧固定菜单栏相应功能菜单按钮，可以进行相应操作，包括任务表、产品信息、产生工艺、工艺模板等内容，如图 2-4-16 所示。

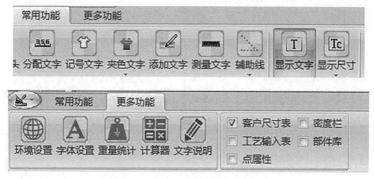

图 2-4-15　常用功能及更多功能

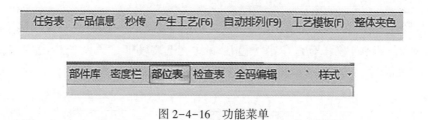

图 2-4-16　功能菜单

三、尺寸栏

尺寸栏界面显示当前毛衫的衣片尺寸，包括三个工作界面：主尺寸设置界面、辅助尺寸设置界面、其他尺寸设置界面。

单击菜单栏上的部位表按钮后，会弹出选中衣片的衣片部位表，部位表中尺寸为实际部位尺寸，可直接在尺寸栏下输入数值修改尺寸，此部位表中包含一些未在客户尺寸表中显示的细节尺寸。

尺寸栏和部位表下方都有设置、展开/收回按钮，可以通过点击展开/收回按钮，将尺寸栏界面或者部位表界面展开或收起，如图 2-4-17 所示。

（一）主尺寸

主尺寸一般是客户提供的尺寸（图 2-4-18）。

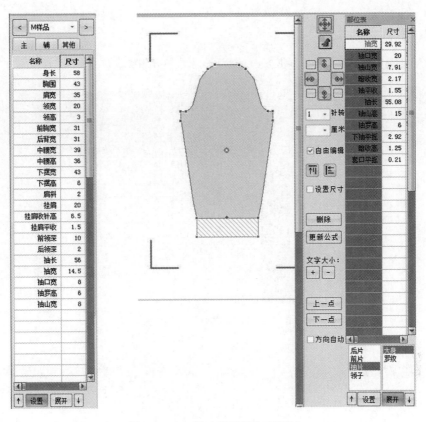

图 2-4-17　尺寸栏及部位表界面

名称	尺寸	打印	英寸	市尺	原尺寸	尺寸描述	打印?
身长	58	58	22.83	1.74	58		√
胸围	43	43	16.93	1.29	43		√
肩宽	35	35	13.78	1.05	35		√
领宽	20	20	7.87	0.6	20		√
领高	3	3	1.18	0.09	3		√
前胸宽	31	31	12.2	0.93	31		√
后背宽	31	31	12.2	0.93	31		√
中腰宽	39	39	15.35	1.17	39		√
中腰高	36	36	14.17	1.08	36		√
下摆宽	43	43	16.93	1.29	43		√
下摆高	6	6	2.36	0.18	6		√
肩斜	2	2	0.79	0.06	2		√
挂肩	20	20	7.87	0.6	20		√
挂肩收针高	6.5	6.5	2.56	0.2	6.5		√
挂肩平收	1.5	1.5	0.59	0.04	1.5		√
前领深	10	10	3.94	0.3	10		√
后领深	2	2	0.79	0.06	2		√
袖长	56	56	22.05	1.68	56		√
袖宽	14.5	14.5	5.71	0.44	14.5		√
袖口宽	8	8	3.15	0.24	8		√
袖罗高	6	6	2.36	0.18	6		√
袖山宽	8	8	3.15	0.24	8		√

主　辅　其他

图 2-4-18　主尺寸设置界面

(二) 辅助尺寸

辅助尺寸是指细节尺寸或不常修改的尺寸（图 2-4-19）。

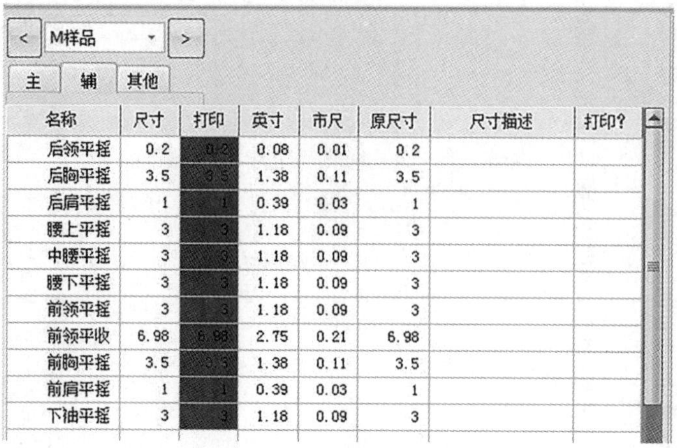

名称	尺寸	打印	英寸	市尺	原尺寸	尺寸描述	打印?
后领平摇	0.2	0.2	0.08	0.01	0.2		
后胸平摇	3.5	3.5	1.38	0.11	3.5		
后肩平摇	1	1	0.39	0.03	1		
腰上平摇	3	3	1.18	0.09	3		
中腰平摇	3	3	1.18	0.09	3		
腰下平摇	3	3	1.18	0.09	3		
前领平摇	3	3	1.18	0.09	3		
前领平收	6.98	6.98	2.75	0.21	6.98		
前胸平摇	3.5	3.5	1.38	0.11	3.5		
前肩平摇	1	1	0.39	0.03	1		
下袖平摇	3	3	1.18	0.09	3		

图 2-4-19　辅助尺寸设置界面

(三) 其他尺寸

一般是指计算或测量出的尺寸，不可以修改（图 2-4-20）。

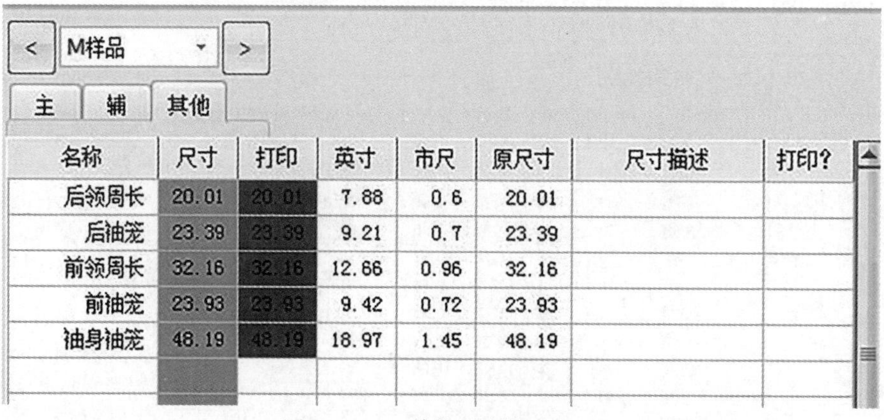

名称	尺寸	打印	英寸	市尺	原尺寸	尺寸描述	打印?
后领周长	20.01	20.01	7.88	0.6	20.01		
后袖笼	23.39	23.39	9.21	0.7	23.39		
前领周长	32.16	32.16	12.66	0.96	32.16		
前袖笼	23.93	23.93	9.42	0.72	23.93		
袖身袖笼	48.19	48.19	18.97	1.45	48.19		

图 2-4-20　其他尺寸设置界面

(四) 尺寸栏设置

点击尺寸栏下方的设置按钮或者在尺寸栏上点击鼠标右键，弹出尺寸栏右键菜单，如图 2-4-21 所示。部分功能如图 2-4-22~图 2-4-25 所示。

1. 修改名称

选中部位名称后，点击修改名称，在弹出的输入框中输入名称，可对其进行修改，输入完后确定即可（图 2-4-22）。

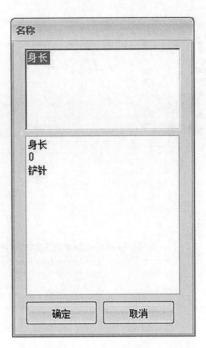

图 2-4-21　尺寸栏右键菜单　　　　　图 2-4-22　修改名称

2. 添加尺寸

右键点添加尺寸后，在输入框中输入名称、尺寸，可添加客户尺寸（图 2-4-23）。

图 2-4-23　添加尺寸

3. 尺寸对应表

打开尺寸对应表，添加主尺寸，选择主尺寸后，双击添加对应尺寸，输入数据后确定。或者可以输入尺寸范围及间隔，这样可以同时输入多个尺寸。如图 2-4-24 所示，此时将最后一栏身长修改为某一主尺寸值后并且点击确定，则尺寸栏里对应部位尺寸会随之变化为输入的对应尺寸。

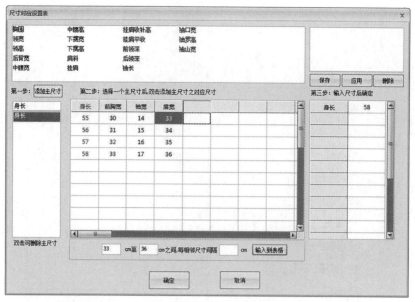

图 2-4-24　尺寸对应表

4. 设置客户尺寸

对客户尺寸表内容进行编辑，常用于做时装款式时，备选尺寸表可保存最近的输入记录，便于进行其他时装款式设计。

在输入框中输入部位名称，点击加入列表，即可将此部位名称加入客户尺寸表和备选尺寸表。双击客户尺寸表中部位名称可对其进行删除，双击备选尺寸表中部位名称可将其加入到客户尺寸表中（图 2-4-25）。

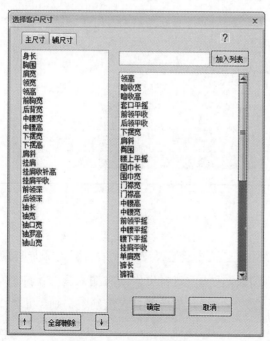

图 2-4-25　设置客户尺寸

(五) 部位表

部位表会显示当前被选中的衣片尺寸（图2-4-26），包括前片、后片、袖片、领条等。

名称	尺寸	公式	
胸围	44.5	胸围《客》	+1.50
下摆宽	44.5	下摆宽《客》	+1.50
中腰宽	40.78	中腰宽《客》	+1.78
肩宽	33.64	肩宽《客》*0.961	
前胸宽	29.61	前胸宽《客》*0.955	
领宽	18.45	领宽《客》*0.922	
领平收	6.98	领宽《客》*0.349	
挂肩平收	1.55	挂肩平收《客》	+0.05
肩余针	0.78		
身长	52.08	身长《客》-下摆高《客》	
中腰高	34.58	中腰高《客》	-1.5
挂肩	19.58	挂肩《客》	-0.5
领深	10	前领深《客》	
挂肩收针高	6.46	挂肩收针高《客》	
下摆高	6	下摆高《客》	
胸平摇	3.54	前胸平摇《客》	
腰上平摇	2.92	腰上平摇《客》	
腰下平摇	2.92	腰下平摇《客》	
领平摇	2.92	前领平摇《客》	
中腰平摇	2.92	中腰平摇《客》	
肩斜	2.08	肩斜《客》	
肩平摇	1.04	前肩平摇《客》	

图 2-4-26　部位表设置界面

(六) 部位公式设置

双击部位表上部位名称，会弹出设置部位公式对话框，可以添加、删除和编辑公式。如图 2-4-27 所示为胸围公式设置界面。

图 2-4-27　胸围公式设置界面

四、工具栏

系统工具栏如图 2-4-28 所示，主要包括功能、设计、文字等工具。

图 2-4-28　系统工具栏

（一）功能工具

功能工具包括常规款式、移动工具、导入设计、导入制版、打印等。

1. 常规款式

用于制作常规款式工艺，也可以制作通过常规款式简单变形的时装款式工艺。选择后进入常规款式设置界面，其中包含款式、尺寸、密度三个活动选项界面。

（1）款式界面：图 2-4-29 为款式界面。每点选一个选项，图示框都会显示相对应的款式图。

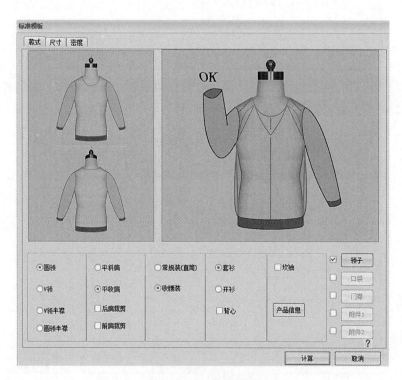

图 2-4-29　款式界面

（2）尺寸界面：图 2-4-30 为尺寸界面。计算尺寸时填写，一般需要修改计算尺寸的部位有：肩宽、领宽、袖宽、袖长、袖口宽以及挂肩等。根据工艺经验或者参考尺寸填写即可。

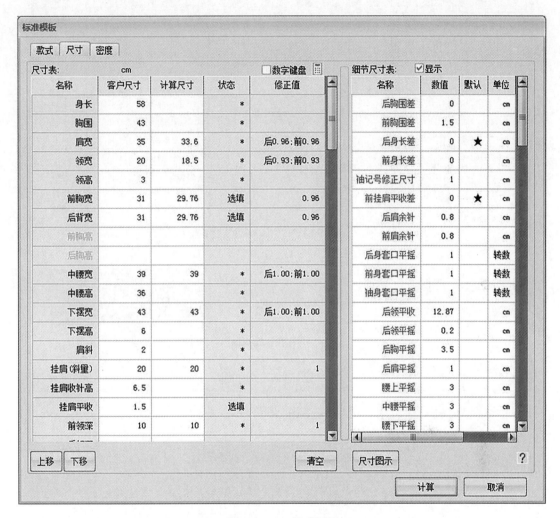

图 2-4-30　尺寸界面

（3）密度界面：图 2-4-31 为密度界面。每段坯布密度可单独修改，在组织列填写大身以及罗纹的组织、密度、排针等。收放针设置表可根据自己的工艺经验先设置，也可以产生工艺后，在工艺界面使用收放针工具设置。

2. 移动工具

图 2-4-32 为移动工具，可以对点、文字、辅助点、辅助线等进行编辑。移动衣片中心圆点可拖动衣片到合适位置。此外还可以分离衣片上的坯布。

3. 打印

有打印工艺单需求时点击此工具，在弹出对话框中填写衣片的打印信息及打印设置。

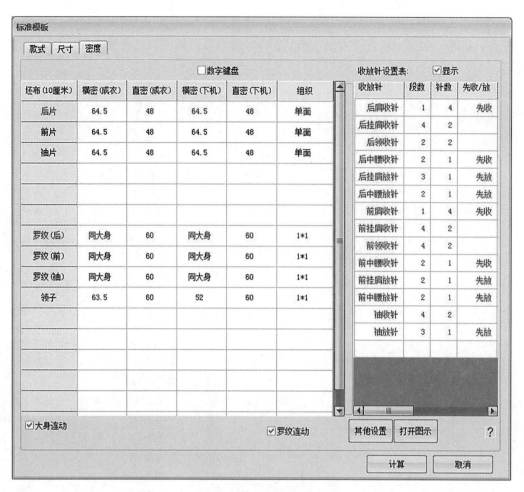

图 2-4-31　密度界面

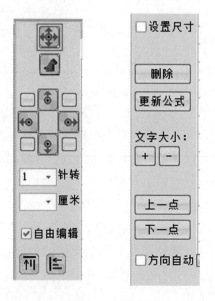

图 2-4-32　移动工具

成衣密度、下机密度和日期为自动生成,设置完毕点击打印即可。

4. 导入制版

在工艺文件生成制版时成形配置的选择窗口,选择配置文件后,文件中的参数设置将应用到制版软件的成形设计中。

(二) 设计工具栏

设计工具主要包括切割、增加衣片、合并衣片、调整工艺、辅助线等工具。

1. 切割

选择坯布上两点、点和线、线和线进行切割。常用于制作时装款式,或者同一块衣片有不同密度需求的毛衫(图2-4-33)。

2. 调整工艺

选择调整工艺工具,点击衣片上某段收针或者放针弧线,对收放针工艺进行修改,如图2-4-34所示为袖山收针弧线。

图 2-4-33 切割

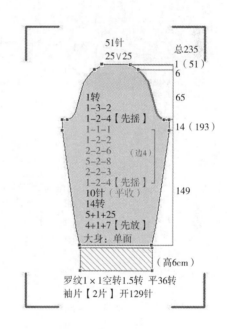

图 2-4-34 袖山收针弧线

通过调整工艺界面,可以修改收放针转数及针数,如图2-4-35所示。

3. 增加衣片

选择增加衣片工具,点击弹出新建衣片对话框,如图2-4-36所示。在对话框中可以选择已有衣片,也可以新建衣片,选择带罗纹坯布或者不带罗纹坯布,可以输入衣片高度和宽度,确定后将在作图区域生成一个新的衣片。

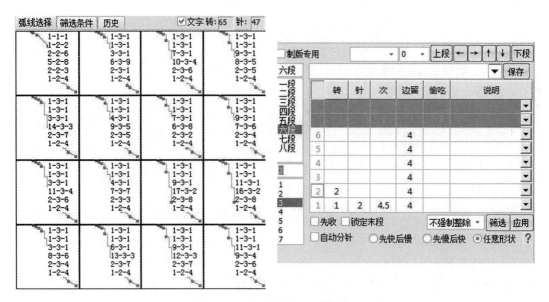

图 2-4-35　收放针转数及针数设置界面

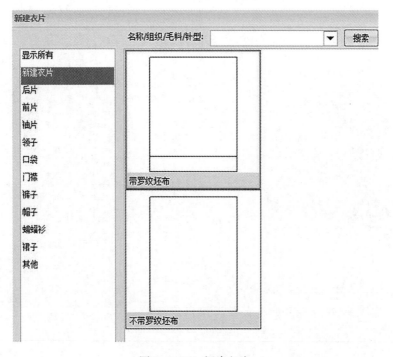

图 2-4-36　新建衣片

4. 辅助线

点击工具栏上辅助线工具组小箭头，弹出下拉列表，可以选择点、线、区域等工具，辅助点是在衣片上单击添加辅助点。辅助线是通过单击两点添加辅助线，也可添加连续辅助线，在右键菜单中选择"结束"完成添加。辅助区域是通过拖动矩形框生成的（图 2-4-37）。

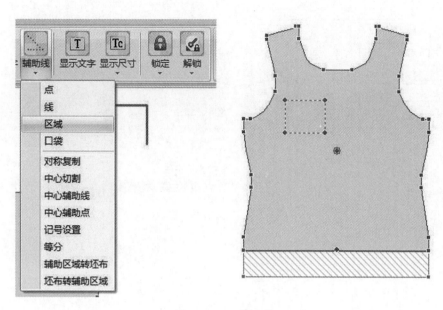

图 2-4-37　辅助线

（三）文字工具

文字工具主要包括添加文字、分配文字、记号文字、夹色文字、测量文字等。
下面对添加文字和记号文字做简要介绍。

1. 添加文字

选中添加文字工具后，在需要添加文字的位置单击，在弹出添加文字对话框中输入文字内容，可调整文字规格颜色，确定即可生成文字（图 2-4-38）。

2. 记号文字

记号文字工具可以用来做开领记号、袖山记号等。操作步骤为：首先量取尺寸，然后设置记号位置和方向，可以添加说明文字，如图 2-4-39 所示。需要注意的是测量完尺寸后，选择方向的起点必须与尺寸部位的起点一致。

（四）快捷工具

快捷工具栏位于软件系统的最上方，快捷工具主要包括新建、打开、保存等常

图 2-4-38　添加文字

图 2-4-39　记号文字

用操作命令（图 2-4-40）。

图 2-4-40　快捷工具

第五节　琪利毛衫制版 CAD 基础

电脑横机程序的编制又叫打板，对使用者来说是一个关键。随着计算机技术的发展，不仅电脑横机的控制功能越来越强大，而且其程序设计系统的功能也越来越强大，系统界面更加友好，操作和使用更加方便。由于各电脑横机生产厂家都开发了各自不同的程序设计系统，因此，用户就必须根据不同的机型掌握不同的程序设计方法，但基本设计原理和方法大致相同，随着技术的进步，软件适应性和兼容性也不断提高。本节主要对琪利花型设计系统进行简要介绍。

一、系统简介

该软件具有自动编程功能，用以自动生成电脑针织横机产品的下位机控制数据，其功能包括花型设计、图像解析、数据传输、自动编译等。该制版软件是在微软视窗操作系统上开发的图形操作软件。

（一）主界面

琪利花型程序设计系统的绘图界面，如图 2-5-1 所示。

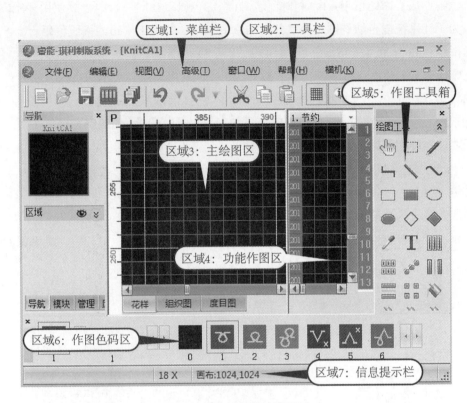

图 2-5-1 系统的绘图界面

（二）主要功能模块

1. 绘图设计

选择下拉菜单→工具栏→工具箱图标，可方便地进行制版花样的设计操作。主要作图元素有：点、线、矩形、椭圆、菱形、多边形等；主要功能有换色、阵列复制、线性复制、多重复制、镜像复制等。可方便地进行圈选区复制、颜色填充、旋转、展开、删除、剪切、粘贴等各种操作。

2. 色码

在软件系统中，色码一共有 256 个（0~255），色码在软件的不同区域（主作图区、功能线区、引夏塔区等）代表的含义不同，所起的作用不同。在主作图区，色码主要代表横机的编织动作，256 个色码可分为五类：0–119 号色码、184–187 号色码、189–200 号色码、207–209 号色码、227–229 号色码、250–254 号色码为设计色码；120–183 号色码为使用者巨集色码；201–206 号色码、211–219 号色码、221–226 号色码为嵌花色码；

231~239 号色码、241~249 号色码为提花色码；其他色码为未定义色码。

设计色码中比较特殊的色码为索股色码，需要配对使用，移圈交叉编织主要用于两种花型：绞花和阿兰花。系统中移圈交叉编织的色码也分为两组，绞花和阿兰花一般都是采用几个色码形成，因此色码搭配时只能使用同组的色码。在同一行中连续使用多组索股色码时，为了让系统能自动识别每一组独立的索股色码，需要不同组的索股色码。

第一组：18 号色（下索股，无编织），28 号色（前编织，下索股），29 号色（前编织，上索股），38 号色（后编织，下索股），39 号色（上索股，无编织）。

第二组：19 号色（下索股，无编织），48 号色（前编织，下索股），49 号色（前编织，上索股），58 号色（后编织，下索股），59 号色（上索股，无编织）。

需要注意使用时同组色码配合使用，不同组色码不能混用。比如，18 号色与 39 号色，19 号色与 59 号色码为偷吃色码，不能在一起使用。

3. 模块系统

模块系统分为系统模块和用户模块。系统模块（图 2-5-2）有常见的花型、收针、提花等模块；用户模块：可将常用的花型或针法保存到用户模块中，用户模块保存在数据库。

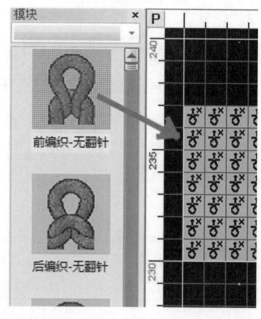

图 2-5-2　系统模块

模块的使用（图 2-5-3）：单击需要的模块，将光标移至主绘图区单击，拖动模块至目的地再次单击即可。

模块的保存（图 2-5-4）：圈选需要保存的区域，右击。

4. 文件类型

KNI 文件：此文件为睿能琪利制版系统花型文件，保存后自动生成。下次打开花样，

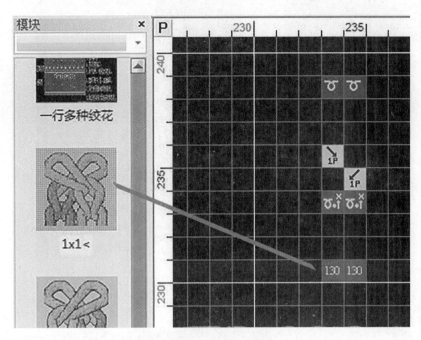

图 2-5-3　模块的使用

可以直接双击打开。它包含了花样图、组织图、度目图、功能线以及使用者巨集等信息。

001 文件：增强型机型的上机文件，花样编译后方便用户理解及被程序控制调用的花样拆分图、出针动作图、循环信息、纱嘴信息等。

CNT：经过编译后花样的动作文件，横机将根据 CNT 文件完成编织等动作，上机时需导入。

PAT：经过编译后可被程序调用的花样拆分图，上机时需导入。

PRM：花样循环信息（即节约设置），上机时需导入。

SET：花样展开文件。

YAR：记录纱嘴信息，如纱嘴对应颜色、纱嘴停放点等。

CNT、PAT、PRM、SET、YAR 是普通机型编译后自动生成的文件。

5. 工艺单成形

用户可以使用软件中的成形功能，只需要输入工艺单参数即可自动生成所需要的工艺。并自动添加基本功能线、自动拆行、记号、各部位针法、平收等。

6. 编译器

系统根据 KNI 文件描述，能自动生成电脑横机下位机所需要的 001 文件。若 KNI 文件描述不完整或有歧义则会提示错误信息，并指出错误信息花版行号及错误的原因。同时编译器还会自动检测前后针床是否会发生撞针等现象。编译器具有强大的自动处理功能。如自动带纱、踢纱、打摺、浮线处理等。编译完成后，可通过 PAT 编辑器和反编译查看编译结果。

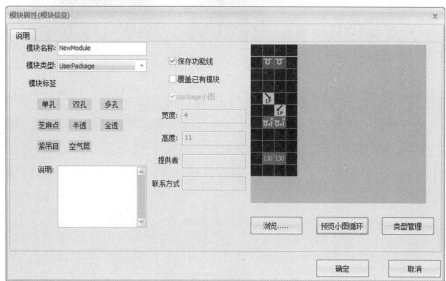

图 2-5-4　模块的保存

二、工具栏

工具栏是用于点击一些常用命令的按钮，如图 2-5-5 所示。

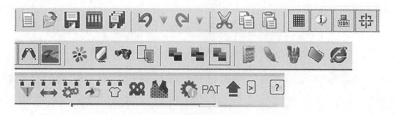

图 2-5-5　工具栏

通过工具栏，可以实现新建花样、打开花样、保存花样、编译及纱嘴配置等操作。

三、工具箱

工具箱包含三个方面的内容：绘图工具、操作工具和横机工具，如图 2-5-6 所示。

图 2-5-6　工具箱

1. 绘图工具

通过绘图工具可以进行常规的绘制工作，如绘制点、线、面等，可以对图案进行填充、复制、粘贴等，还可以进行插针（行）删针（行）等操作。

2. 操作工具

通过操作工具可以进行清除、换色、填充、文字输入、图片导入、图形处理等操作。

3. 横机工具

通过横机工具可以进行小图展开、收放针、滑动描绘、1×1 变换、沙嘴间色填充、收针分离等操作。

四、功能线

功能线作图区用来描述第一作图区的辅助信息，在行上一一对应。必要的信息若不在功能线作图区上定义，编译系统将无法解释第一作图区的信息。用户通过功能栏上方的下拉框，选择功能参数，对应参数默认显示在功能界面最左侧，如图 2-5-7 所示。

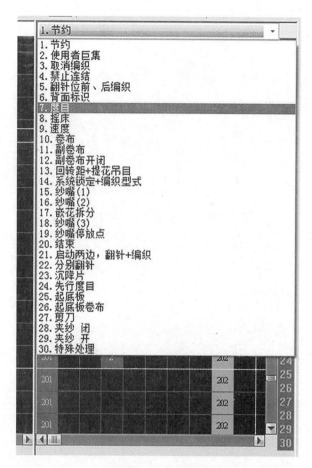

图 2-5-7　功能线

五、小图制作

1. 小图模块的使用

用户可以在花样中设置小图模块信息，使用规则如下：

（1）在当前花样的结束行上方任选一行开始，填上需要被定义的颜色，色码必须在 120～183 之间，与使用者巨集一致。

（2）向上空两行，从第 3 行起开始定义具体的动作信息。

（3）所有的动作定义完成后向上空两行，填写小图特征标识：小于 100（一般填 1）的小图为普通小图；小于 200 大于 100（一般填 101）的小图为提花小图；小于 300 大于 200（一般填 201）的小图为复合提花小图，带自动翻针。

（4）再上一行填写循环标记，色号为 1～3（如未锁定则可以不填，都不填则默认为 1）。

（5）再上一行填写纵向平移数目，用颜色号码来表示（如不需要纵向平移则可以不填）。

（6）在 L201 里设置模块标识、模块页码、左右平移、偏移针数（如不需要则可不填）。

（7）设定其他的花样参数。

2. 小图模块的定义

小图模块定义如图 2-5-8 所示。

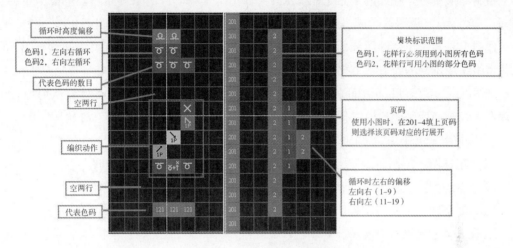

图 2-5-8　小图模块定义

（1）一个小图模块至少要包含开始行、编织动作、模块色数、模块标识这四项。

（2）纵向平移和左右平移一般用在平收的小图模块中。

（3）使用者巨集只是小图的一个简单表现形式，因此使用者巨集都可以转换成小图来表示。

（4）使用者巨集与小图模块不能在同一行中使用。

（5）当小图的编织行未设置功能线参数值时，则使用花样中的相应参数值。

（6）制作小图前需要找出小图的规律，即最小的循环单元。

（7）0 号色不参与小图的展开处理。

（8）偏移针数与循环标识（1、2）结合表示向右偏移或向左偏移。

六、工艺单成形

为方便用户对工艺单的制作而添加的一个重要功能。用户按照工艺单上的工艺输入，就可以自动生成衣片的 KNI 花样图。并且软件自动给出基本的功能线设置，可以直接编译。

七、花型程序的制作流程

花型程序制作的简单流程一般包括八个步骤：新建花型→绘制图形→配置导纱器→设置或修改工艺参数→自动工艺处理→检验程序→存盘编织。

1. 新建花型

运行桌面左下角"开始"菜单"程序"中的"KnitCAD"或双击桌面快捷方式图标，进入系统的主界面。选择"菜单栏文件→新建"，或者直接点击快捷新建按钮，选择画布尺寸和初始色码（初始色码一般选择 0 号色码）。

2. 绘制图形

绘制图形主要是在绘图区画花样，选择"作图工具箱"中的工具和"调色板"中的色码（当前色码）。色码表示横机的编织动作，即横机的编织、翻针、移圈等动作。

作图工具箱中包括画图和图形操作的工具。画图的过程类似于画针织物的意匠图，即将花型组织用不同的符号在方格纸上表示出来。

画图可以通过滚动鼠标中间的小轮，将图形放大到合适的大小（最大放大比例为20∶1），出现栅格线画面后画图比较方便，可以应用工艺单成形确定花样的下摆和外轮廓。

软件分为三个图层，三个图层是一一对应的。

（1）花样图：绘制组织及引塔夏色码，大部分花样只需要运用花样图图层。

（2）组织图：表示某行的动作，通常花样图层绘制引塔夏色码时使用。

（3）度目图：可设置花样图层对应行的度目段数，通常用于一行多段度目的花样。

3. 设置工艺参数和纱嘴

绘制完图形后，需要设置编织时的工艺参数。在功能线作图区的相应位置，设定节约、度目、摇床、速度、卷布、编织形式、纱嘴、结束标志（详细内容参考"功能线"部分）等控制信息，完成整个工艺的编织。不同的工艺参数可以用不同的颜色代替，表示不同的段数。不同的编织部分对应着不同的段数。功能区设置的段数是一个范围，具体的值是在上机编织前设置好的，纱嘴的设定也是在功能区中进行。除此之外在花型结束行功能线 L20 处需要添入色码 1 表示花型结束。

4. 花版文件保存

选择菜单栏文件→保存（S）或另存为（A），或者点击图标，将花型程序保存为 .KNI 文件，需要修改花型时可以用软件直接打开 .KNI 文件。

5. 编译

单击编译图标，设置编译参数，根据实际情况选择机型，在纱嘴设置页面设置纱嘴的初始位置，在设置页面设置优化和自动处理项目。编译产生错误时，用户双击错误提示，系统可以在画板上自动定位到发生错误的行数，并以高亮、闪烁形式提醒用户。编译完成后，选择普通机型，生成 5 个（CNT、PAT、PRM、SET、YAR）同名文件；选择增强机型，只多生成一个同名 001 文件。

6. 结果文件查看及上机

可通过 PAT、PAT 编辑器、编织模拟图和反编译查看上机文件。将上机文件发送至 U 盘即可上机编织。

第三章 羊毛衫组织设计

羊毛衫的组织设计是整个羊毛衫设计的基础，通过组织结构的合理设计可以形成一定的面料肌理效果，决定着毛衫织物的外观形态和性能特点。羊毛衫组织包括基本组织、变化组织、花式（色）组织和复合组织。在进行羊毛衫设计时，设计师可以根据羊毛衫服装的风格特点，选择恰当的组织结构与色彩、图案相结合，准确表达出设计构思。

第一节 基本及变化组织设计

一、纬平针组织

纬平针组织为单面纬编织物中的基本组织，是针织毛衫广泛使用的织物组织。纬平针组织包括单面平针组织、双层平针组织、松紧密度纬平针、夹色横条以及纬平针泡泡纱织物等。纬平针组织是在横机前针床或者后针床上连续编织而成。

图3-1-1分别是纬平针组织的线圈结构图、编织图及制版图。

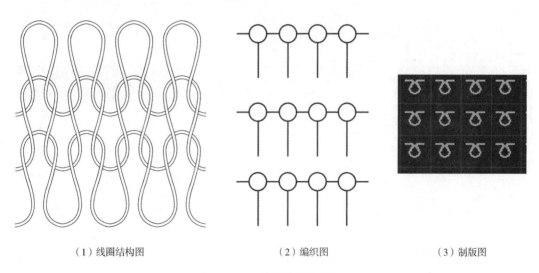

（1）线圈结构图　　　　　　　　（2）编织图　　　　　　　　（3）制版图

图3-1-1　单面纬平针组织

单面纬平针组织结构简单，织物轻薄柔软，是羊毛衫常用的组织。双层平针组织是由连续的单元线圈在横机的前后针床上交替编织而成，主要用于衣片的下摆和袖口及各种附件的编织。夹色横条组织织物是采用两种或两种以上的色纱，按一定规律编织成各种横向彩色条纹的织物。松紧密度纬平针织物则是织物密度改变的纬平针织物，如图 3-1-2 所示。

（1）单面平针组织　　　　　　（2）松紧密度纬平针　　　　　　（3）纬平针泡泡纱

图 3-1-2　纬平针组织的应用

泡泡纱织物的外观，表面上呈现出起泡泡的效果，由大小不同的线圈单元，在纵向相互串套、横向相互连接而成。纬平针泡泡纱是以纬平针组织为基础组织的一种织物。在织物的编织过程中，把后针床（或前针床）织针里的线圈脱套后，使得相对应的前针床（或后针床）的线圈变大。泡泡纱织物是单面织物中的一种新型组织结构，具有明显的凹凸外观效果。

图 3-1-3 分别是纬平针泡泡纱组织的意匠图、编织图及制版图。

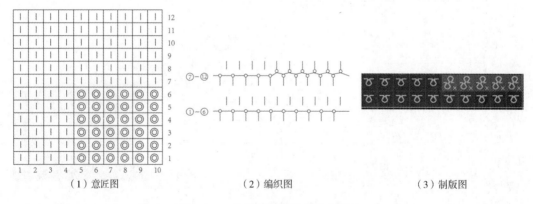

（1）意匠图　　　　　　　　　（2）编织图　　　　　　　　　（3）制版图

图 3-1-3　纬平针泡泡纱组织的设计

二、罗纹组织

罗纹组织是一根纱线依次在正反面形成纵向线圈，属于基本组织。罗纹组织的种类较多，根据其正面线圈纵行和反面线圈纵行的不同配比，通常用数字表示 1+1，2+1，2+2，2+3，5+3，5+8 罗纹等。

图 3-1-4 分别是 1+1 罗纹组织的线圈图、编织图及制版图。

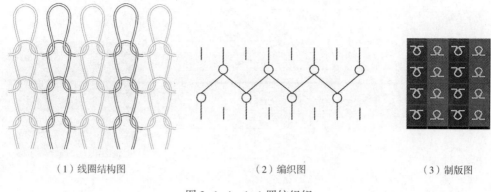

（1）线圈结构图　　　　　　（2）编织图　　　　　　（3）制版图

图 3-1-4　1+1 罗纹组织

　　罗纹组织具有脱散性、弹性、延伸性等特点，适宜应用在羊毛衫的领口、袖口、下摆、裤口等部位，也可以应用在衣身部位，修身效果强。由于罗纹组织顺编织方向不能沿边缘横列脱散，所以上述收口部位可直接编织成光边，无须再缝边或拷边，如图 3-1-5 所示。

（1）1+1 罗纹　　　　　　（2）2+1 罗纹　　　　　　（3）抽针罗纹

图 3-1-5　罗纹组织的应用

三、双反面组织

　　双反面组织是由正面线圈横列和反面线圈横列相互交替而成，织物的正反面看起来均像纬平针组织的反面，其中有 1+1、2+2 双反面组织等。

　　图 3-1-6 分别是 1+1 双反面组织的线圈图、意匠图及制版图。

　　双反面织物具有厚重、易起球，纵向延伸性、弹性好，卷边现象较少的特点，双反面组织适宜应用在服装任何部位，是外衣针织类服装理想的组织结构形式，如图 3-1-7 所示。

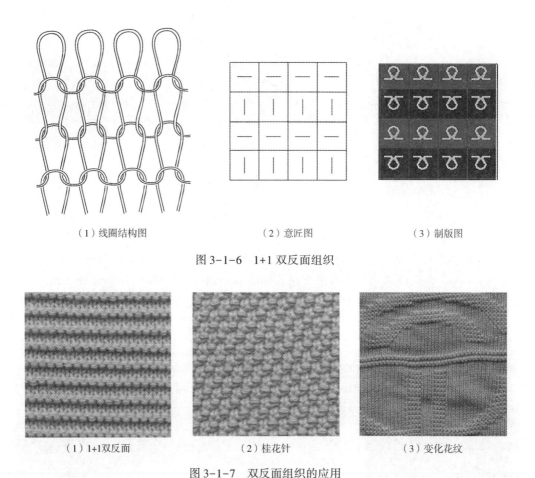

（1）线圈结构图　　　　　　（2）意匠图　　　　　　（3）制版图

图 3-1-6　1+1 双反面组织

（1）1+1双反面　　　　　　（2）桂花针　　　　　　（3）变化花纹

图 3-1-7　双反面组织的应用

四、双罗纹组织

双罗纹组织是由两个罗纹组织彼此复合而成，又称棉毛织物。图 3-1-8（1）显示了最简单的基本双罗纹（1+1 双罗纹）组织的线圈结构，在一个罗纹组织线圈纵行之间配置了另一个罗纹组织的线圈纵行，由相邻两个成圈系统的两根纱线形成一个完整的线圈横列，它属于一种双面变化组织。

图 3-1-8(2)和(3)分别是双罗纹组织的编织图及制版图。

根据双罗纹组织的编织特点，采用色纱经适当的上机工艺，可以编织出彩横条、彩纵条、彩色小方格等花色双罗纹织物。另外，在前针床或后针床上某些针槽中不插针，可形成各种纵向凹凸条纹，俗称抽条棉毛组织。在纱线细度和织物结构参数相同的情况下，双罗纹织物比平针和罗纹织物要紧密厚实，是制作冬季棉毛衫裤的主要面料，如图 3-1-9所示。

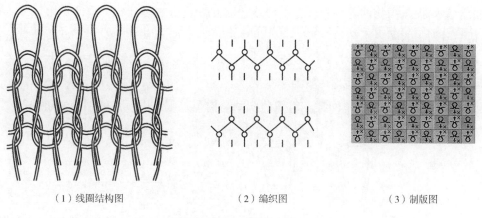

（1）线圈结构图　　　　　　　（2）编织图　　　　　　　　（3）制版图

图 3-1-8　双罗纹组织

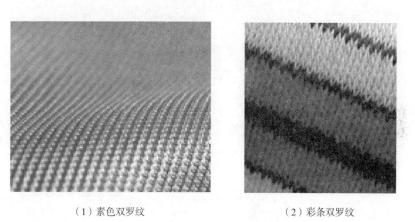

（1）素色双罗纹　　　　　　　　　　　　（2）彩条双罗纹

图 3-1-9　双罗纹组织的应用

第二节　花式组织设计

一、提花组织

提花组织是将纱线垫放在按花纹要求所选择的某些织针上编织成圈，而未垫放纱线的织针不成圈，纱线呈浮线状留在这些不参加编织的织针后面所形成的一种花色组织，其结构单元由线圈和浮线组成。提花组织可分为单面提花和双面提花两大类。提花组织织物较厚实、不易变形、延伸性和脱散性较小，具有良好的花色效果，适宜应用在衣身、袖子部位，或者是领口、袖口、下摆的装饰部位。

（一）单面提花组织

单面提花又称浮线提花或虚线提花，织机背面不选针，有单色、双色、多色等不同效果。由于单面提花织物的花型背面存在浮线，因此对花型的设计有一定的局限性。一般在一个花型横列中的颜色不超过三种，且花型中的色块宽度不宜过大，每个色块的宽度最好不超过 12mm。如果是粗针机最大不能超过 19mm，以免浮线过长而勾丝，影响穿着的牢度和耐磨性。因此，浮线提花一般为小花型。

图 3-2-1 分别是两色单面提花组织的线圈结构图、编织图、意匠图及制版图。

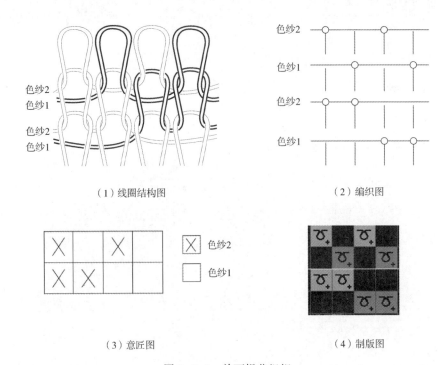

（1）线圈结构图　　　　　　　　　　（2）编织图

（3）意匠图　　　　　　　　　　（4）制版图

图 3-2-1　单面提花组织

利用不同颜色的纱线编织单面提花组织，可以得到不同的图案效果，适当调节提花线圈的大小还可以获得闪色效应。由于织物背面没有成圈线圈，这种提花织物是所有提花组织中最轻薄、手感最柔软的一种。单面提花组织的应用见图 3-2-2。

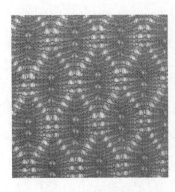  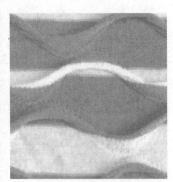

（1）素色单面提花几何图形　　　（2）双色单面提花色彩效果　　　（3）浮线提花

图 3-2-2　单面提花组织的应用

（二）双面提花组织

双面提花是在双面组织上进行提花的组织，有单面提花和两面同时提花两种效果。一般按照提花织物的反面效果将双面提花分为几个类别，如反面横条双面提花、反面芝麻点双面提花（也称反面鸟眼双面提花）、空气层双面提花、反面纵条双面提花等。

图 3-2-3 分别是横条反面双面提花组织的线圈结构图、编织图、意匠图和制版图。

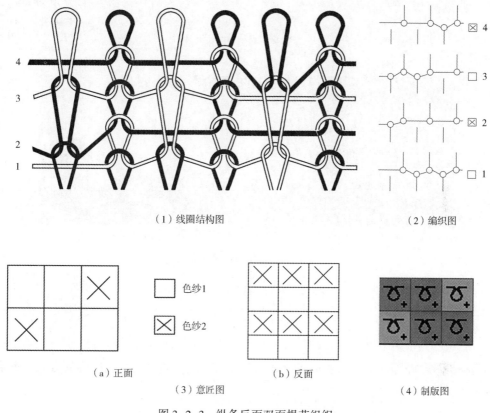

（1）线圈结构图　　　　　　　　　　　　　　（2）编织图

（a）正面　　　　　色纱1　　　（b）反面
　　　　　　　　　色纱2
（3）意匠图　　　　　　　　　　　　　（4）制版图

图 3-2-3　纵条反面双面提花组织

二、集圈组织

在针织物的某些线圈上，除套有一个封闭的旧线圈外，还有一个或几个未封闭的悬弧，这种组织称为集圈组织。由这种组织编织成的织物称为集圈织物。依据形成集圈的方法不同，集圈又分畦编组织和胖花组织。畦编组织有半畦编和畦编两种。我国南方把胖花称为打花。

图 3-2-4（1）~（3）分别是畦编组织的线圈结构图、编织图及制版图。

集圈组织分为单面和双面，变化丰富，可灵活应用，可以形成明显的网眼效果、凹凸效果、类似提花的多色效果等。集圈组织的应用如图 3-2-5 所示。

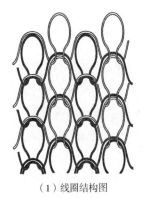
（1）线圈结构图

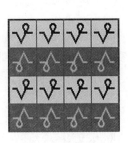
（2）编织图

（3）制版图

图 3-2-4　畦编组织

（1）凹凸小网孔效果

（2）镂空网眼效果

图 3-2-5　集圈组织的应用

三、波纹组织

波纹组织是横机上编织的一种独特的双面组织。波纹组织又称板花组织，织物的倾斜线圈是根据波纹花型的要求，在横机上移动针床所形成，倾斜线圈按照各种方式排列在织物的表面，得到各种曲折的花型。

图 3-2-6（1）、（2）分别是四平波纹组织的线圈结构图和意匠图。

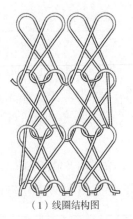
（1）线圈结构图

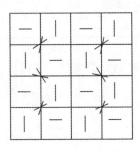
（2）意匠图

图 3-2-6　四平波纹组织

波纹类的织物可以采用不同的基础组织，如罗纹、三平、四平、畦编、抽条等，波纹类的织物还可以采用不同的花型组织编织得到不同的图案，可以形成各种曲折的花型和图案，如图 3-2-7 所示。波纹组织表面肌理丰富，花纹流畅，适宜应用于针织毛衫领口、袖口的装饰，也可作为全身的编织图样。波纹组织可与罗纹组织、纬平针组织搭配使用。

（1）四平波纹织物

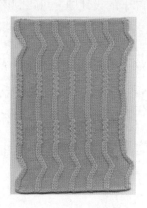

（2）四平抽条波纹织物

图 3-2-7　波纹组织的应用

四、嵌花组织

嵌花组织又称无虚线提花，每种色纱的导纱器只在自己的颜色区域内垫纱，垫纱之后，该导纱器停下，直到下一横列机头返回时再带动编织，而在同一横列的边缘，另一个导纱器将继续编织这一横列。编织过程中，嵌花使得相邻的两个不同颜色的纱线通过集圈、添纱或者双线圈等的方式进行连接，这种简单的嵌花织物为单面织物，背面无虚线。图 3-2-8（1）、（2）分别是嵌花组织的线圈结构图及制版图。

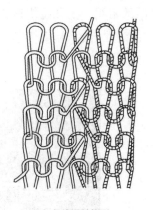

（1）线圈结构图

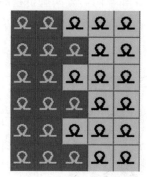

（2）制版图

图 3-2-8　嵌花组织

在简单嵌花组织的基础上，对其局部进行变化，又可以获得更多新颖的织物效果。如

图 3-2-9 所示，在嵌花的基础上，将两色连接部分的集圈动作取消［图 3-2-9（1）、（2）］，则取消集圈的区域，相邻两色不连接，而是分别编织，形成如图 3-2-9（3）所示的镂空效果。这种镂空效果可以在纬平针组织、四平组织、罗纹组织等多种基本组织上实现，镂空孔眼的大小可随意调节，不受限制，在针织坯布和成形类针织服装上均可运用，将其运用于袜子的设计中，可得到时尚另类的网眼效果。而且，运用了嵌花的方式还可以在纵向形成多彩的条纹或格纹，使织物色彩变化更加丰富。

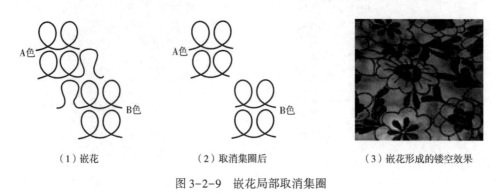

（1）嵌花　　　　　　　　（2）取消集圈后　　　　　　　（3）嵌花形成的镂空效果

图 3-2-9　嵌花局部取消集圈

五、移圈组织

移圈是指在基本组织的基础上，按照织物预期的设计效果，将某些线圈向相邻位置进行转移。移圈组织可以是单面的，也可以是双面的，通过在不同的组织上移圈可以在织物表面产生孔眼、凹凸、波浪等不同的肌理效果。移圈组织又可以分为挑花和绞花两类。

（一）挑花

挑花组织又称挑孔、挑眼、空花组织等，是在纬编基本组织的基础上，按照花纹要求，在不同的针和不同的方向进行移圈而形成具有孔眼的组织。挑花组织织物重量轻、透气、美观、装饰性强，适宜设计衣片、袖片，可与罗纹组织、纬平针组织搭配使用。

图 3-2-10（1）~（3）分别是挑花组织的线圈结构图、意匠图及制版图。

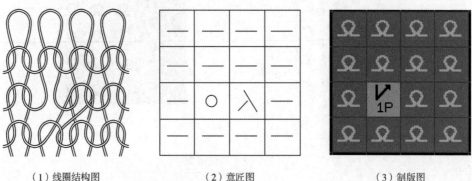

（1）线圈结构图　　　　　　（2）意匠图　　　　　　　（3）制版图

图 3-2-10　挑花组织

　　单面挑花组织织物具有轻便、美观、大方、透气性好等特点。挑花工艺还可以形成特殊的漏针效果，就是挑走了的针不补上，漏针处形成了长距离的连线效果。

　　双面挑花组织织物是指以双面织物为基本结构，按花型图案将线圈移圈而织成的织物。其花型常以单针床编织为主，配以另一针床上的织针进入编织、集圈或退出工作来得到花色效应。双面挑花组织织物比单面挑花组织织物的花型变化更丰富，同样具有轻便、美观、大方、透气性好等特点。这种组织结构可以用来设计极具女性化特征的针织毛衫。图3-2-11为挑花组织的应用。

（1）移圈形成菱形图案　　　　（2）移圈形成网眼横条　　　　（3）移圈形成镂空效果

图3-2-11　挑花组织的应用

（二）绞花

　　绞花组织又称麻花、拧花组织，是根据花型的需要，将相邻针上的线圈相互移位而成。绞花组织可分为单面、双面绞花组织，其中比较有代表性的是阿兰花型，它源自爱尔兰西部的一个海滨岛屿，常以绞花和菱形凸纹图案作各种排列设计以象征不同的家族。绞花组织外观厚重、粗犷，适宜应用在衣片、袖片部位，可搭配罗纹组织、纬平针组织等设计使用。

　　图3-2-12（1）~（3）分别是绞花组织的线圈结构图、意匠图及制版图。

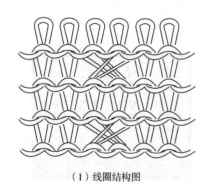 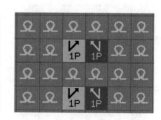

（1）线圈结构图　　　　　　（2）意匠图　　　　　　（3）制版图

图3-2-12　绞花组织

绞花组织是通过相邻线圈的相互移位而形成的，其独特的肌理效果，一直受到设计师的青睐。同方向位移可产生旋转扭曲的效果；不同方向扭曲，根据方法的不同，效果多样，丰富有趣。将绞花组织相邻的线圈设为反针，绞花的立体感将更强，花纹也更清晰。近几年，田园风格流行，用粗毛线配合绞花织出的原始粗犷的效果，将这一风格演绎得更加淋漓尽致。绞花即使只是菱形图案，也可千变万化，局部造型图案比全身同一图案更显个性。如衣身局部的绞花，在菱形中间运用网眼或正反针，根据设计风格灵活使用，大大丰富了绞花组织所体现的效果。绞花组织的应用如图 3-2-13 所示。

（1）2×1阿兰花　　　　（2）2×1阿兰花和2×2绞花　　　　（3）大绞花

图 3-2-13　绞花组织的应用

第三节　复合组织设计

一、罗纹空气层组织

罗纹空气层组织，又称为四平空转，是由一个横列的满针罗纹（四平）和一个横列前后针床轮流编织的平针（空转）组成，学名叫米拉诺罗纹组织。

图 3-3-1（1）~（3）分别是罗纹空气层组织的线圈结构图、编织图及制版图。

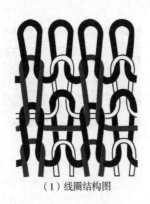 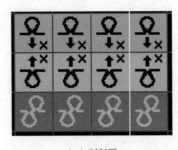

（1）线圈结构图　　　　　（2）编织图　　　　　（3）制版图

图 3-3-1　罗纹空气层组织

罗纹空气层组织正反面的平针组织无联系，呈架空状态，比罗纹组织厚实，有良好的保暖性，横向延伸性小，形态较稳定。经常应用于下摆、门襟、领口部位。罗纹空气层组织的应用如图3-3-2所示。

（1）　　　　　　　　　　　　　　　（2）

图3-3-2　罗纹空气层组织的应用

二、罗纹半空气层组织

罗纹半空气层组织是由一横列满针罗纹（四平）和一横列纬平针组织复合而成，也称为三平织物或四平半转、空筒半转。

图3-3-3（1）~（3）分别是罗纹半空气层组织的线圈结构图、编织图及制版图。

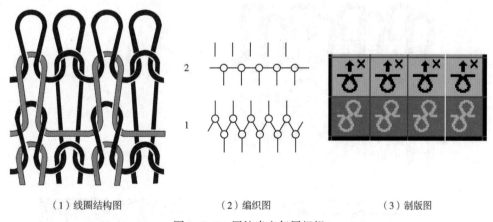

（1）线圈结构图　　　　　　（2）编织图　　　　　　（3）制版图

图3-3-3　罗纹半空气层组织

罗纹半空气层组织的特点是比较厚实、硬挺、保暖性好，常应用于秋冬季的针织服装。不过这种组织下机后织片容易发生倾斜，俗称偏活，易出蝴蝶针，而且密度不好调，通常生产中织片下来以后都得卷起来放置。罗纹半空气层组织变化丰富，织物正面可以通过单面编织转数不同而形成丰富的凹凸变化。罗纹半空气层组织的效果图如图3-3-4所示。

（1）正面 （2）反面

图 3-3-4 罗纹半空气层组织的效果图

三、双罗纹空气层组织

双罗纹空气层组织是双罗纹与纬平针复合而成，也称蓬托地罗马组织，俗称打鸡布。如图 3-3-5 所示的双罗纹空气层组织在横机上两转可以完成一个完全组织的编织，第一转编织双罗纹，形成一个横列的双罗纹，第二转分别在前后针床上编织纬平针，并在该单面编织处形成袋形空气层，会出现横楞效果。

图 3-3-5（1）~（4）分别是双罗纹空气层组织的线圈结构图、编织图、制版图及实物图。

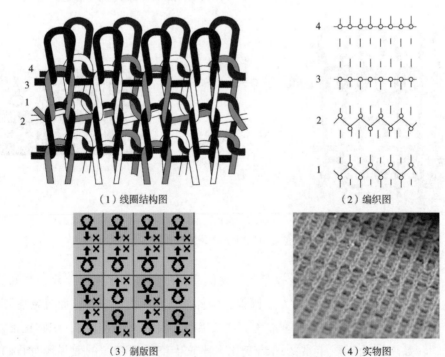

（1）线圈结构图 （2）编织图

（3）制版图 （4）实物图

图 3-3-5 双罗纹空气层组织

双罗纹空气层由于编织方法不同，可以得到结构不同的双罗纹空气层织物。这种织物比较紧密厚实，横向延伸性较小，尺寸稳定，外观挺括，透气性好，具有良好的弹性。由于双罗纹编织和单面编织形成的线圈结构不同，针织物表面会呈现明显的横向凸起条纹。

四、畦编空气层组织

畦编空气层组织是畦编组织和双层纬平组织复合而成的组织。该组织织物厚实紧密，尺寸稳定，表面有凹凸，保暖性好。图 3-3-6（1）~（4）分别是畦编空气层组织的线圈结构图、编织图、制版图和实物图。

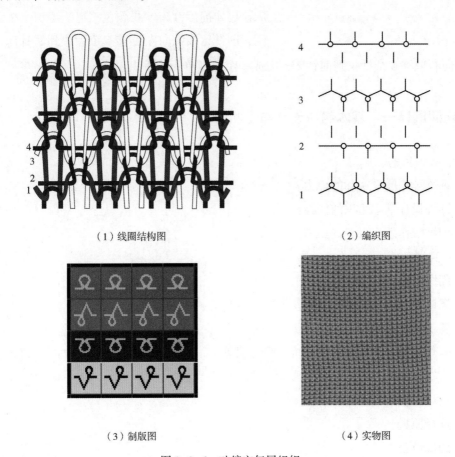

（1）线圈结构图　　　　　　　　　　（2）编织图

（3）制版图　　　　　　　　　　　（4）实物图

图 3-3-6　畦编空气层组织

畦编空气层组织在横机的双针床上编织，编织第一个横列时，机头自左向右移动，后针床织针全部成圈，前针床织针全部集圈。当机头返回编织第二个横列时，后针床不参加编织，前针床编织一横列纬平针线圈。机头再从左向右编织第三个横列时，前针床成圈，后针床编织集圈。当机头返回时，前针床不编织，后针床成圈，编织另一横列纬平针线圈。重复循环即可编织全畦编空气层组织。

图 3-3-7　空气层移圈组织

五、空气层移圈组织

如图 3-3-7 所示为某种空气层移圈组织织物，该组织看起来非常繁复。该空气层移圈组织的基本组织是 6 隔 6 抽针的纬平针空转，正反面用不同颜色的纱线编织，前后针床 6 隔 6 错开排针。当编织到半个花型高度时，前针床线圈向右位移 6 个针位到后针床，后针床线圈向左位移 6 个针位到前针床，更换前后针床纱线颜色，继续编织半个花型高度，前针床线圈向左位移 6 个针位到后针床，后针床线圈向右位移 6 个针位到前针床，完成一个花型单元的编织。

 实训项目一：基本组织设计与上机

一、实训目的

1. 训练理论联系实际的能力。

2. 训练设计基本组织的能力。

3. 训练操作编织设备的能力。

二、实训条件

1. 编织所需要的各种纱线。

2. 调试设备所用的扳手、螺丝刀、隔距量规、照密镜等。

3. 编织基本组织用的针织横机。

4. 磅秤、天平、圆刀、烘干机、强力仪等。

三、实训项目

1. 设计织物组织。

2. 选择原料。

3. 调试设备。

4. 编织操作。

5. 撰写报告。

四、操作步骤

1. 设计一种基本组织，纬平针、罗纹或双反面组织等。

2. 选择原料。

3. 设计上机工艺参数。

4. 选择设备及参数。

5. 上机编织。

6. 检验织物实际参数。

7. 分析结果。

 实训项目二：花式组织设计与上机

一、实训目的

1. 训练理论联系实际的能力。

2. 训练设计花式组织的能力。

3. 训练操作编织设备的能力。

二、实训条件

1. 编织所需要的各种纱线。

2. 调试设备所用的扳手、螺丝刀、隔距量规、照密镜等。

3. 编织花式组织用的针织横机。

4. 磅秤、天平、圆刀、烘干机、强力仪等。

三、实训项目

1. 设计织物组织。

2. 选择原料。

3. 调试设备。

4. 编织操作。

5. 撰写报告。

四、操作步骤

1. 设计一种花式组织，提花组织、集圈组织和移圈组织等。

2. 选择原料。

3. 设计上机工艺参数。

4. 选择设备及参数。

5. 上机编织。

6. 检验织物实际参数。

7. 分析结果。

第四章　羊毛衫色彩设计

第一节　羊毛衫配色设计

一、羊毛衫配色原则

（一）整体色调原则

整体色调是指配色色彩的整体格调使人产生的整体色彩感觉，是由配色间的色相、明度、纯度和面积所致。色相、明度、纯度是色彩的三大属性，也称色彩三要素，是人们认识色彩和区别色彩的重要依据。

色相指色彩的不同相貌，用 H（Hue）表示。色相取决于光线的波长，将不同波长的光按顺序，如红、橙、黄、蓝、绿、紫等排列，会形成一个封闭的环状，称为色相环或色轮。在色相环中位置相近的色彩，它们之间所含相同颜色的成分就越多，颜色就越相似。明度是指色彩的深浅、明暗程度，用 V（Value）表示。明度是由色彩光波的振幅决定的，如色相环中黄色明度最高，蓝色明度最低。简单地来讲，当一个色彩加进白色时会提高其明度，加进黑色时会降低其明度，由此构成色彩的明度系列。纯度又称彩度、饱和度、含灰度等，也就是色彩的鲜艳程度，用 C（Chroma）表示。当一个色调加入了其他色彩后，其纯度就会变低，这种变化会得出高纯度色、中纯度色、低纯度色。

羊毛衫的整体色调设计要考虑到流行色、不同品种的特点以及不同季节、不同地区、不同环境的要求。如春季羊毛衫的整体色调应给人以绚丽、多样、明快的感觉；秋季羊毛衫适宜采用温和的中性色调；夏季羊毛衫适宜采用浅色调，借以反射阳光，并给人以凉爽的感觉；冬季羊毛衫适宜采用深、暖色调，给人以温暖的感觉。

（二）配色突出原则

在整体色调满足需要的情况下，并非平均地使用各色，而是将某一颜色作为重点，其他色作为衬托，以便使色彩搭配主次分明，进而达到整体配色美的效果。例如，设计一件由蓝色与青色横条相间所组成的冷色调的羊毛衫连衣裙，如果穿着者的头部和胸部较美观，需要将其突出、加强时，便可在此连衣裙的左胸或偏上部位设计小部分红色花型，这样便能达到突出穿着者头部和胸部的目的，并且给人以整体配色美的感觉。

(三) 配色协调原则

在羊毛衫服装的配色上要遵循"色不在多，协调则行"的原则。例如，大面积的红色裙子配绿色上衣，就显得刺目、强烈，给人心理不安定的感受；相反，若在嫩绿色的连衣裙领边或两袖边处嵌上两条红色装饰线，则会给人以美观协调的感受。

一般在羊毛衫配色时，若暖色和纯色比冷色和浊色面积小，则易达到平衡。另外，在配色时对抗色的运用应十分注意，在城市服装的设计中，一般应少用对抗色，才能使配色协调。

二、羊毛衫配色设计

羊毛衫的配色设计首先应收集相关的灵感素材图片，根据图片进行色彩元素提取，然后使用 AI 等相关软件进行面料色彩创意。

利用 Adobe Illustrator CS6 设计软件进行针织面料色彩创作，包括色彩采集、色卡制作以及色彩比例分配等相关内容。

具体步骤如下：

1. 新建文档

启动 Adobe Illustrator CS6，可进入其操作界面，菜单栏下文件【新建】（图 4-1-1），在新建对话框中修改名称为"羊毛衫色彩设计"，设置画板大小、单位、方向以及色彩模式（图 4-1-2）。

图 4-1-1　新建主题文件

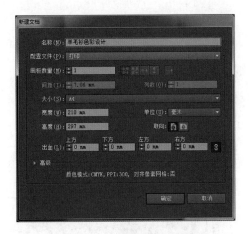

图 4-1-2　设置文件参数

2. 置入灵感来源图片

菜单栏下文件【置入】（图 4-1-3），选择所需的灵感来源图片，左手按 Shift 键，将图片同比例放大或缩小到合适尺寸。

3. 创建色标

在灵感来源中，设计人员需要根据设计主题挑选出图片中主要的几种色彩，并且将其

新建(N)...	Ctrl+N
从模板新建(T)...	Shift+Ctrl+N
打开(O)...	Ctrl+O
最近打开的文件(F)	▶
在 Bridge 中浏览...	Alt+Ctrl+O
关闭(C)	Ctrl+W
存储(S)	Ctrl+S
存储为(A)...	Shift+Ctrl+S
存储副本(Y)...	Alt+Ctrl+S
存储为模板...	
存储为 Web 所用格式(W)...	Alt+Shift+Ctrl+S
存储选中的切片...	
恢复(V)	F12
置入(L)...	

图 4-1-3　置入图片

标志性色彩分别展现出来。接下来，选择工具箱的【吸管工具】（图 4-1-4），鼠标回到灵感来源图片中左键点击所选的色彩区域，工具箱中填充色即显示出吸管所吸取的颜色。然后选择工具箱中的【矩形工具】（图 4-1-5），在画板中单击左键，即弹出矩形对话框。在选项框中调整宽度为 35mm，调整高度为 15mm，最后点击确定创建一个矩形方框，选择的颜色就被填充到所创建的矩形框中（图 4-1-6）。按照以上方法找到图片中的主要 7 种颜色（图 4-1-7）。

图 4-1-4　选择吸管工具

图 4-1-5　选择矩形工具

图 4-1-6　设置矩形参数

图 4-1-7　采集图片色彩并制作色卡

4. 创建色彩比例搭配设计

创建一个宽度为 15mm、高度为 125mm 的矩形框（图 4-1-8）。然后使用工具箱中的
【直线工具】，在矩形框内画横线分割线，用于色彩分区（图 4-1-9）。接下来使用工具箱
中的【选择工具】，全选所画的矩形路径，再使用工具箱中的【实时上色工具】，给每个
色彩区域填色（图 4-1-10）。

图 4-1-8　创建矩形框

图 4-1-9　使用【直线工具】进行色彩分区

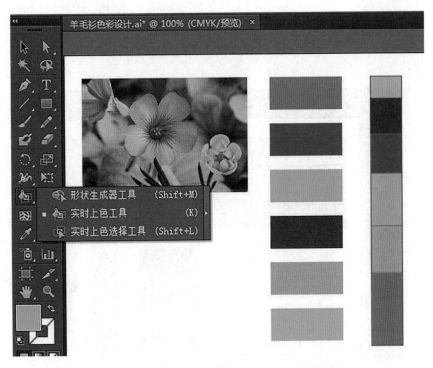

图 4-1-10　使用【实时上色工具】进行区域填色

5. 复制调整新的色彩搭配

使用工具箱【选择工具】，全选前一个色彩搭配方案，按下 Alt 键（图 4-1-11），拖动复制一个新的色彩搭配放在旁边。然后再使用工具箱中的【直接选择工具】，逐一调整横向直线，以此改变色彩比例搭配关系（图 4-1-12）。按照以上方法，复制一系列矩形色彩比例搭配图样，并且注意调整不同色彩的比例关系（图 4-1-13）。最后，使用【选择工具】，框选所有色彩比例搭配图样，并且在工具箱中将描边调整为无，目的是避免后期在创建四方连续图案时描边线。

图 4-1-11　拖动复制新的色彩搭配矩形框

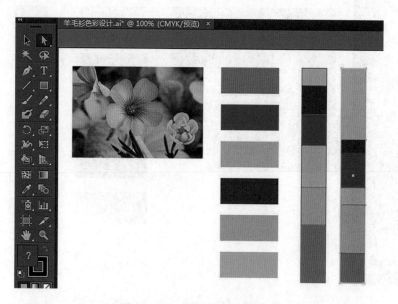

图 4-1-12　调整色彩比例关系

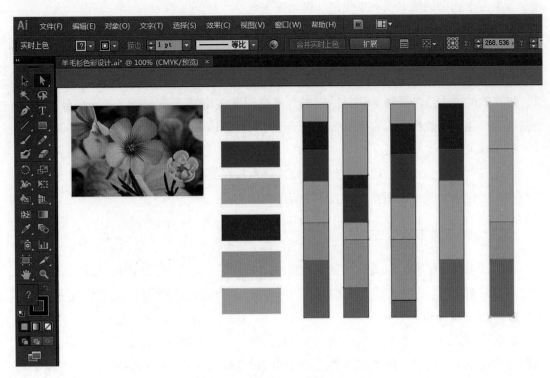

图 4-1-13 制作系列色彩搭配比例

第二节 羊毛衫图案设计

一、羊毛衫图案构思

羊毛衫上的图案对羊毛衫的风格起着重要的作用。服装图案是时代风貌的产物，它敏锐地反映了时代政治、经济、文化的总面貌及民族意识和人们对美的追求。

（一）图案类型

1. 花卉图案

以菊花、牡丹、玫瑰、竹等自然界花卉为题材的图案。具有淡雅、清新、美观别致的效果，主要作为刺绣图案。

2. 几何图案

以点、线、面、圆弧等组成的几何形体为题材的图案。如菱形、立体形状、文字等，或是有规则的花纹，如波纹线等。

3. 动物图案

以自然界中存在的以及人们构想的动物为题材的图案。内容较广泛，如小白兔、长颈鹿、大象，卡通中的唐老鸭、米老鼠、狮子王等。

4. 人物图案

多以卡通人物为题材。如蜡笔小新、樱桃小丸子、大力水手等。

5. 风景图案

以自然的或人造的景物为题材的图案。该类图案多出现于儿童装上，如汽车、轮船、火箭等现代化工具及机器人、变形金刚等，设计时注意取其特点。

6. 抽象图案

在花卉、几何、动物、风景图案的基础上，由抽象而得到的具有朦胧意识的图案。现今在许多 T 恤中常见此类图案，而且深受青年人的喜爱。

(二) 图案设计方法

羊毛衫服装上图案的构图设计主要有单独图案构图、适合图案构图、图案对称构图、二方连续图案构图、四方连续图案构图、边缘连续图案构图、图案散点构图等多种方法。

1. 单独图案构图

单独图案是组成图案的基本单位，本身具有独立性、完整性。比如童装设计中常采用的胸前贴花图案，就是一种单独图案，它与周围没有什么联系，但在整体上，它与服装的款式、色彩有机地结合在一起，显得十分合拍、协调。单独图案构图常采用动物图案和抽象图案，有时也用其他图案。这种构图形式常用于羊毛衫服装的胸、背、袖窿等处。

2. 适合图案构图

适合图案也属于单独图案的一种，但不同的是，它的图案必须安置在特定的外形中。比如在三角形、圆形、方形、菱形、半圆形、椭圆形等外轮廓线中，使图案在特定的范围内，达到形象完整、结构严谨、布局匀称、主题突出的特点。在羊毛衫服装设计中，在衣服的领、口袋、门襟、袖边、下摆边等处便常采用适合图案的构图形式。适合图案常采用花卉、几何和动物等图案。

3. 图案对称构图

对称构图是以一个图案为基本单位，在服装中沿水平、垂直、斜线方向以对称的形式排列图案的构图方式。在进行对称构图时应注意，对稳重的服装款式，应多用水平对称、垂直对称的构图方式；对活泼的服装款式，应多用斜线对称的构图方式。这种构图方式常用于羊毛衫女装和童装中。

4. 二方连续图案构图

二方连续图案构图是以一个图案循环单位，向上下或左右或斜向排列，作反复连续，称为二方连续。这种连续方式的排列，在羊毛衫服装设计中应用很广，如在衣服胸部一周，与胸部对应的袖窿一周等处，都常采用二方连续图案构图。由于二方连续图案是以单位图案作反复连续构成的，因此在羊毛衫服装设计时，应注意单位图案之间的衔接、穿插，使其成为一个统一的整体。

5. 四方连续图案构图

四方连续图案构图是以一个图案循环单位，向上下、左右四方连续排列而构成的图案。这种构图要求图案之间应疏密得当、穿插自然、层次分明、主题突出。这种构图形式常用于提花和印花羊毛衫中。

6. 边缘连续图案构图

边缘连续图案构图是将一个图案循环单位，沿服装形体边缘处，作首尾相接的环状排列而构成的图案。此构图的特点是变化丰富、装饰性强，并有集中引导视线的效果。这种构图形式常用于羊毛衫时装中。

7. 图案散点构图

图案散点构图是将图案在空间按一定规律呈散点状排列，各个点图案可有大、有小，图案间可有疏、有密，互相呼应。此构图的特点是图面丰富、形式活泼，但应使其主次分明，在整体协调的基础上能统一起来。这种构图形式常用于印花羊毛衫和手绘羊毛衫中。

（三）图案的实现方法

羊毛衫图案实现的方法有多种，主要有机编花、绣花、扎花、贴花、印花、植绒与簇绒、扎染、手绘图案等。

1. 机编花

用横机或圆机直接将花型编织在毛坯上，广泛应用于男、女、童式的各式羊毛衫服装中。

2. 绣花

有手绣和机绣两种。手绣纤巧、艳丽多姿、表现力强，较适合表现凹凸或带曲线的花型；机绣花型细腻、针脚紧密整齐、速度快、花型小，但不如手绣花型生动别致。

3. 扎花

在羊毛衫上靠结扎而形成图案的修饰方法。可用于横机产品和圆机产品。在抽条织物上，采用扎花方法可获得仿绞花的外观，另外，还可形成蝴蝶结等花型。

4. 贴花

常与机绣组合，具有节约工时，远观效果好，色彩鲜明、立体感较强等特点，有抽象优美感，花型变化容易。

5. 印花

在羊毛衫上主要采用筛网印花，花纹变化多，花型大小不受限。

6. 植绒与簇绒

植绒与簇绒是新型的修饰工艺。植绒是采用高压静电法的静电植绒，绒面短密，色泽鲜艳，复杂图形及细线条图形均可直接应用；簇绒主要采用针刺法，花型简洁，表面绒毛丰满，蓬松柔软，立体感强。

7. 扎染

古称扎缬、绞缬、夹缬和染缬，是中国民间传统而独特的染色工艺。扎染工艺分为扎结和染色两部分。它是通过纱、线、绳等工具，对织物进行扎、缝、缚、缀、夹等多种形式组合后进行染色。其特点是用撮晕缬（撮花）以及扎染时针足的大小、缝线的松紧和皱痕折叠的变化，加之染色过程中浸染时间长短不同，使染液不能完全渗透，这样，当解除缝线后，便形成别致的无级层次晕，变化微妙，韵律感强，有一种奇特的艺术感染力。一次扎染形成单色扎染花型，反复扎结，多次染色，可形成色彩多变、层次丰富的多色扎染花型。该法主要用于羊毛衫时装中。

8. 手绘图案

是羊毛衫图案装饰中崛起的一枝新秀。该法不受印花套色限制，有多种风格和表现手法，艺术效果好，深受消费者喜爱。目前主要用于中、高档羊毛衫中。

此外，需要注意的是不同的国家和民族对图案也有各不相同的喜爱与禁忌。例如，我国大部分地区喜欢象征吉祥如意的龙、凤、花、鸟和雄狮、猛虎等图案；日本喜欢菊花（皇室专用）、樱花（国花）、乌龟、仙鹤和鸭子，而视莲花为不吉利；巴基斯坦忌猪；捷克忌红三角（当地的毒品商标）；土耳其忌绿三角（当地免费样品）；瑞士忌猫头鹰；法国忌核桃；英国忌山羊、大象；德国忌菊花、竹子；意大利忌菊花；北非忌狗；西欧国家以郁金香表爱情；南欧欣赏天鹅和雄鹰等。因而，在设计出口羊毛衫图案时，一定要注意进出口国人民对图案的喜爱与禁忌，才能设计出受各国人民喜爱的羊毛衫产品。

二、羊毛衫图案设计

利用 Adobe Illustrator CS6 设计软件进行羊毛衫常用图案花型制作，主要介绍条纹面料和提花面料的纹样设计与制作方法及步骤。

具体步骤如下：

1. 针织面料间条系列色彩设计

使用工具箱中【选择工具】，框选某一个色调调整色彩比例搭配方案，菜单栏下窗口——变换，将宽度和高度都调整为 15mm，并且拖动至【色板调色板】中，用创建四方连续图案的方法可以设计出不同的间条（图 4-2-1）。

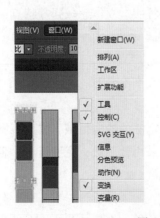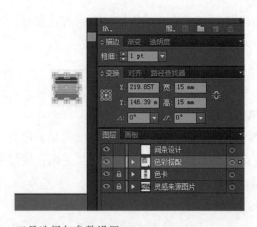

图 4-2-1　工具选择与参数设置

使用【矩形工具】建立一个 56×56mm 的无描边矩形，并填充之前制作出的色板（图 4-2-2）。按照以上方法，使不同色彩搭配方案图案，形成不同效果系列性面料间条设计（图 4-2-3）。

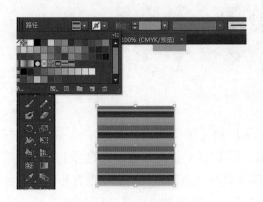

图 4-2-2　间条色彩设计

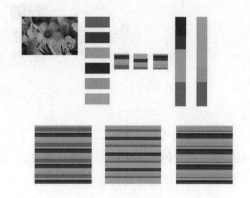

图 4-2-3　针织间条系列设计

2. 针织面料提花系列色彩设计

创建一个路径图案，并且进行实时上色，选择填充色标中的色彩（图 4-2-4）。然后使用【选择工具】框选图案，将描边设置为无，并且拖动至【色板调色板】中。接下来，在工具箱的填充色中使用该图案，鼠标单击【矩形工具】配合 Shift 键，拖出一个正方形的四方连续图案面料设计。同时，可以配合工具箱中的【比例缩放工具】，使用同一色彩图案形成不同效果的面料设计（图 4-2-5）。

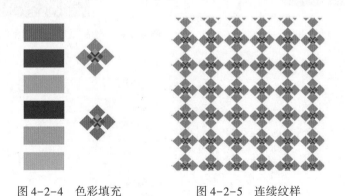

图 4-2-4　色彩填充　　　　图 4-2-5　连续纹样

3. 完成多种色彩搭配设计

利用【实时上色工具】，将图案改变成不同的色彩搭配，同时可以在底部使用不同颜色，以设计出丰富多彩的针织提花面料（图 4-2-6）。

4. 实例制作四方连续纹样

（1）新建文档：启动 Adobe Illustrator CS6 之后，即可进入操作界面，菜单栏下文件——新建，在弹出的对话框中设置文件名称、尺寸、纸张方向、颜色模式。

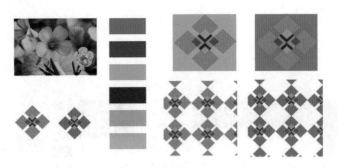

图 4-2-6　系列针织提花面料设计

（2）符号喷绘：使用工具箱中的【星型工具】和【椭圆工具】（图 4-2-7），并按 Shift 键在不同的图层中绘制出五角星和圆形图案（图 4-2-8）。然后使用【选择工具】选择所有图案，右键选择剪切蒙版（图 4-2-9）。给图形进行描边调整，按照如上方法制作各种装饰图案。打开菜单栏下窗口——符号，打开【符号库】选择其中一个符号（图 4-2-10）。使用工具箱中的【符号喷枪工具】，在画面中点击鼠标左键（图 4-2-11），然后使用【选择工具】按照设计预想，等比例放大缩小和移动位置，获得最终效果（图 4-2-12）。

图 4-2-7　使用形状工具

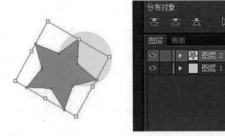

图 4-2-8　绘制星形与椭圆型图案

图 4-2-9　使用剪切蒙版

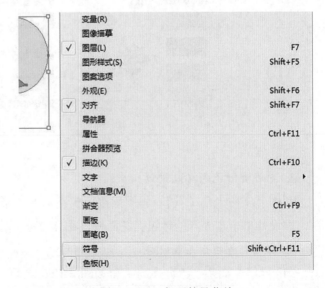

图 4-2-10　打开符号菜单

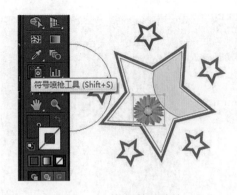
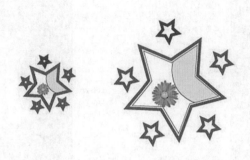

图 4-2-11　使用符号喷枪工具　　　　　　　图 4-2-12　调整图形比例

（3）颜色填充：使用【选择工具】选择所有元素，拖至【色板调色板】，再使用【矩形工具】，随意在空白处绘出一个矩形，并用刚才新建的色板进行填充。利用不同的图案组合、颜色搭配和不同比例缩放将得到各种丰富多彩的四方连续图案（图 4-2-13）。

图 4-2-13　单位图形元素循环变化所得图案

5. 改变羊毛衫衣身图案

（1）打开图片文件：如图 4-2-14 所示，在 Photoshop 中，通过【文件】下拉菜单中的【打开】操作，打开"毛衫原图"文件。设计师需要注意，尽量选择明度较高的无彩色服装，同时最好是光影效果较为明显的服装照片。

图 4-2-14　打开图片

（2）新建图层：选择【图层浮动面板】右下角【新建图层】图标，系统默认新建图层 1，如图 4-2-15 所示。

图 4-2-15　新建图层

（3）打开面料文件：如图 4-2-16 所示，在 Photoshop 中，通过【文件】下拉菜单中的【打开】操作，打开一个面料图片文件，然后使用【矩形框选工具】，鼠标左键在"毛衫图案"图片中框选出一个矩形。

（4）移动面料：如图 4-2-17 所示，选中【移动工具】，在"毛衫图案"图片中按住鼠标左键，将矩形选框内的图案面料拖拽到"毛衫原图"文件中。

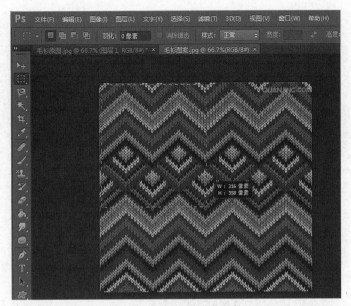

图 4-2-16 打开图案文件

图 4-2-17 移动面料

（5）修改透明度：如图 4-2-18 所示，在【图层浮动面板】右上角处设置【不透明度】为 50%，以方便后面的磁性套索。

图 4-2-18　修改透明度

（6）同比例放大缩小：如图 4-2-19 所示，按照面料花纹在服装中所占比例，左手按住 Shift 键，右手鼠标点击面料任意一角并拖动至合适大小，再点击"Enter"键确定。

图 4-2-19　同比例缩放毛衫图案图片

（7）变形：因为面料穿在人体上会发生角度变化，为了让面料的视觉效果更加逼真，需要先给面料做"扭曲"修改。具体操作是：在菜单栏上选择【编辑】→【变换】→【变形】，如图 4-2-20 所示，鼠标左键分别对各个锚点进行定位。最后点击"Enter"键确定。

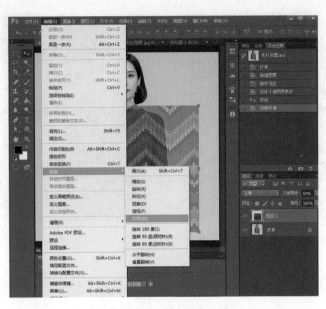

图 4-2-20　图案面料变形

（8）磁性套索毛衫外轮廓：在【图层浮动面板】右上角处重新设置【不透明度】为 10%，然后选择工具箱中的【磁性套索工具】，将毛衫外轮廓仔细套索下来，如图 4-2-21 所示。

图 4-2-21　磁性套索毛衫外轮廓

（9）添加蒙版：如图 4-2-22 所示，点击【图层浮动面板】下方【添加图层蒙版】命令，然后将【不透明度】修改为 100%，如图 4-2-23 所示。图层蒙版遵循"黑透明，白不透明"的工作原理。

图 4-2-22　添加图层蒙版　　　　　　　　图 4-2-23　修改不透明度

（10）叠加：如图 4-2-24 所示，在【图层浮动面板】上方【设置图层混合模式】命令中选择【叠加】，面料即融合到照片的服装中，随服装的阴影转折变化。

图 4-2-24　正片叠底

（11）合并可见层：鼠标右键点击【图层浮动面板】中的图层 1，选择下拉菜单中的

【合并可见图层】，如图 4-2-25 所示。

图 4-2-25 合并可见图层

（12）明暗转折立体修饰：工具箱中选中【加深减淡工具】，鼠标右键点击画面，调整画笔直径，按照服装人体转折受光面明暗关系修饰服装面料，如图 4-2-26 所示。

图 4-2-26 立体修饰

（13）保存：从【文件】下拉菜单中选择【存储为】，保存效果图到指定文件夹即可。如图 4-2-27 所示，即为完成图。

图 4-2-27　完成图

 实训项目一：羊毛衫织物配色设计

一、实训目的

1. 主要训练学生理论联系实际的能力。

2. 利用 Illustrator 设计软件进行织物配色创作。

3. 学习理解 Illustrator 设计软件的功能及应用。

二、实训条件

1. 作图工具如铅笔、直尺、剪刀等。

2. Adobe Illustrator 设计软件。

三、实训项目

1. 色彩灵感来源。

2. Adobe Illustrator 设计软件安装。

3. Adobe Illustrator 设计软件操作。

4. 针织面料间条系列色彩设计。

5. 撰写报告。

四、操作步骤

1. 安装软件。

2. 启动系统，熟悉功能模块。

3. 色彩灵感来源。

4. 色卡及系列间条设计。色彩模式为 CMYK。

5. 保存设计图稿。灵感来源、色标及间条展示在一张 A4 纸张的画面内。

 实训项目二：羊毛衫织物图案设计

一、实训目的

1. 主要训练学生理论联系实际的能力。

2. 利用 Illustrator 设计软件进行织物图案创作。

3. 学习理解 Illustrator 设计软件的功能及应用。

二、实训条件

1. 作图工具如铅笔、直尺、剪刀等。

2. Adobe Illustrator 设计软件。

三、实训项目

1. 色彩灵感来源。

2. Adobe Illustrator 设计软件安装。

3. Adobe Illustrator 设计软件操作。

4. 针织面料系列图案设计。

5. 撰写报告。

四、操作步骤

1. 安装软件。

2. 启动系统，熟悉功能模块。

3. 色彩灵感来源。

4. 色卡及系列图案设计。色彩模式为 CMYK。

5. 保存设计图稿。灵感来源、色标及图案展示在一张 A4 纸张的画面内。

第五章　羊毛衫款式设计

第一节　羊毛衫轮廓造型

羊毛衫的设计包括色彩、款式、组织三大要素。款式设计又包括外型轮廓造型设计和各局部部件的设计两个方面。羊毛衫的外轮廓设计不仅表现了服装的造型风格，也是表达人体美的重要手段。羊毛衫局部设计主要包括领型、肩型及袖型等设计。

一、羊毛衫廓型

羊毛衫中，较典型的外轮廓造型主要有紧身型、H 型、A 型、Y 型、X 型、O 型六大类。

（一）紧身型

紧身型服装的外轮廓基本忠于体型轮廓，能体现人体美（图 5-1-1）。

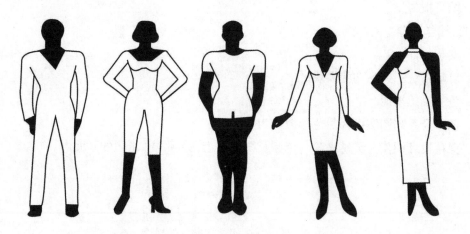

图 5-1-1　紧身型

（二）H 型

H 型服装是用直线构成方形轮廓，遮掩胸、腰、臀等部位的曲线。它使服装与人体间产生空间，运动中隐现体型，有飘逸的动态美，且舒适方便。另外，它还可掩盖许多体型上的缺点。在此基础上，通过增、减肩宽量，得到倒、正梯形造型，增加活泼感（图 5-1-2）。

图 5-1-2　H 型

（三）A 型

A 型服装以紧身型为基础，用各种方法放宽下摆，形成上小下大的轮廓造型（图 5-1-3），用于女装则显飘逸，用于男装则显洒脱。

图 5-1-3　A 型

（四）Y 型

Y 型服装以紧身型为基础，强调或夸张肩部，形成上大下小的外轮廓造型（图 5-1-4）。

图 5-1-4　Y 型

（五）X 型

X 型服装是 A 型与 Y 型的综合，它多采用收腰造型，符合女性的体型特征，能体现女性的曲线感（图 5-1-5）。

图 5-1-5　X 型

（六）O 型

O 型服装运用强调肩部弯度及下摆收口等手段，使躯体部位的外轮廓出现不同弯度的弧线（图 5-1-6），呈灯笼状，显得活泼，充满趣味。

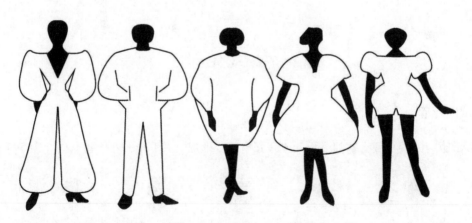

图 5-1-6　O 型

二、羊毛衫领型

领是毛衫造型中变化最多，最引人注目的部位。毛衫领型的设计造型种类甚多，有仿几何形态的，如 V 领、圆领、方领等；也有仿生形象的设计，如青果领、香蕉领、杏领等；还有仿建筑及从音乐方面获得灵感而设计的领型等。羊毛衫领型，尤其是女装领型，随着时代的发展而不断变化更新。如 20 世纪 60 年代流行方角翻领、圆角翻领；70 年代流行八字形翻领；80 年代流行尖角翻领、驳角翻领、青果领、西装领等；90 年代流行能变化多种领型的复合领。这些变化主要由羊毛衫外衣化、系列化、时装化所致。羊毛衫领型按结构分为挖领和添领两大类。

（一）挖领

所谓挖领，通常是在衣身的领圈部位形成凹形的领窝，或在此基础上加装不翻的领边所形成。羊毛衫中所采用的基本挖领形式主要有 V 领、叠领、杏领、圆领等，通常低于咽喉部位，并且领边较窄。其形态如图 5-1-7 所示。

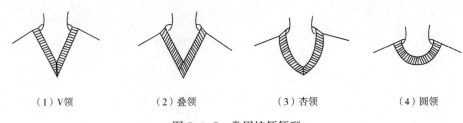

（1）V领　　　　（2）叠领　　　　（3）杏领　　　　（4）圆领

图 5-1-7　常用挖领领型

（二）添领

所谓添领，则是在羊毛衫的领圈部位添置各种形状的领子，其主要形式为各种翻领。其形态如图 5-1-8 所示。

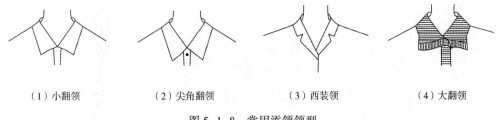

（1）小翻领　　　（2）尖角翻领　　　（3）西装领　　　（4）大翻领

图 5-1-8　常用添领领型

三、羊毛衫肩型和袖型

设计羊毛衫的肩型和袖型时，必须根据款式造型情况，将两者的设计有效地结合起来，才能设计出适宜的肩型和袖型。

（一）肩型

在服装上，连接前后衣片及袖子的部位称为肩部。羊毛衫中常用的基本肩型有直肩型、平肩型、斜肩型和马鞍肩型。其形态如图 5-1-9 所示。

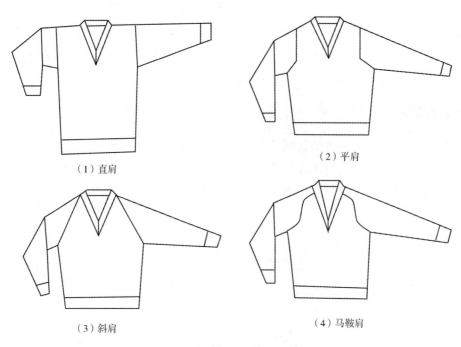

（1）直肩

（2）平肩

（3）斜肩

（4）马鞍肩

图 5-1-9　肩型

（二）袖型

袖子是包覆肩和手臂的服装部位，它既可调节冷暖，又有装饰功能，与领子一样，袖子是羊毛衫款式变化的重要部位（图 5-1-10）。

连袖　　　　插肩袖　　　　装袖

窄型

直型

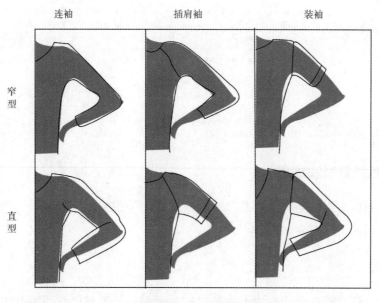

图 5-1-10　袖型

第二节　羊毛衫衣片结构

一、羊毛衫的测量方法

羊毛衫的尺寸是计算编织工艺参数的重要依据之一，羊毛衫各部位的尺寸丈量方式因服装品种的不同而有不同的规定。测量时要求将被测量服装平摊于平整、光洁的台面上，并使其不受任何张力。

（一）上衣类测量方法（图5-2-1）

(1)　　　　　　　　　　　　　(2)

(3)　　　　　　　　　　　　　(4)

图5-2-1　上衣测量方法

1. 胸宽

挂肩下 1.5cm 处横量。

2. 衣长

领肩交接处量至下摆边底（或肩折缝距领肩接缝 1.5cm 处，量至下摆边底）。

3. 袖长

肩袖接缝处至袖口边底（袖口罗纹一律平摊量）。

说明：全袖长 3：从后领接缝中点至袖口边。

净袖长 3′：从肩袖接缝处至袖口边（也称上袖长）。

下袖长 3″：从腋下沿袖底缝量至袖口边。

4. 肩宽

左肩袖接缝处至右肩袖接缝处（背心包括挂肩边）。

5. 挂肩

从肩袖接缝处顶端至腋下斜量（背心量肩与挂肩边接缝处至腋下接缝处）。

说明：挂肩 5：肩袖接缝至腋下斜量。

袖窿（袖根肥、袖阔）5′：自腋下沿坯布横向针纹量至袖上边。

挂肩垂直量 5″：沿身缝延伸线自腋下量至袖上边。

6. 下摆罗纹

从罗纹边至罗纹底。

7. 袖口罗纹

从罗纹边至罗纹底。

8. 领深

V 领领深（开衫）：后领接缝中点至第一粒纽扣中心。

V 领领深（套衫）：后领接缝中点至前领内口（或外口领尖处）。

翻领领深：后领接缝中点至前领内口。

圆领领深：后领边中点至前领内口（或后领边中点至前领内口）。

9. 领阔

指后领内口的宽度（樽领阔在领中部横量）。

（二）裤类测量方法（图 5-2-2）

1. 裤腰宽

在裤腰口或裤罗纹下 3cm 处横量。

2. 裤长

从裤腰边量至裤口边（童裤中的连裤袜量至袜跟跟底）。

3. 前（后）直裆

从前（后）裤腰边至裤裆底直量。

4. 横裆宽

在裤裆底单腿横量。

5. 裤口宽

在裤口处横量。

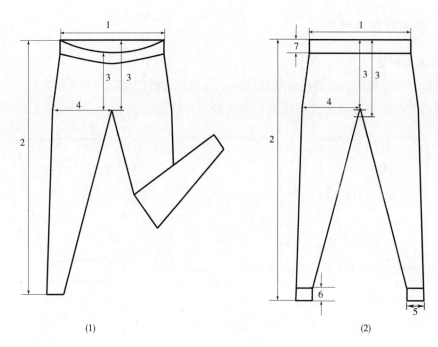

(1)　　　　　　　　　　　　　　　(2)

图 5-2-2　裤类测量方法

6. 裤口罗纹高

从裤身与裤口罗纹交接处量至裤口边。

7. 裤腰罗纹高

从裤身与裤腰罗纹交接处量至裤腰边。

（三）直筒裙测量方法（图 5-2-3）

1. 裙宽（臀宽）

腰顶下 18cm 处（裙最宽处）横量。

2. 裙长

从裙腰边量至裙摆底边。

3. 腰宽

沿上口平量。

4. 臀长

从前（后）裙腰边量至臀部最宽处。

5. 腰带宽（腰口罗纹高，腰头高）

从裙身与裙腰罗纹交接处量至腰边。

6. 裙底边（裙摆罗纹高）

从裙身与裙口罗纹交接处量至裙口边。

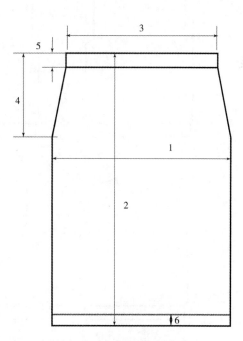

图 5-2-3　直筒裙测量方法

二、羊毛衫衣片结构

1. 直肩直袖型

直肩型为水平肩线和垂直挂肩线的结合。直肩型的造型简单，但不够舒适，是国外毛衫的常用肩型。图 5-2-4 为直肩直袖 V 领套衫衣片结构图。

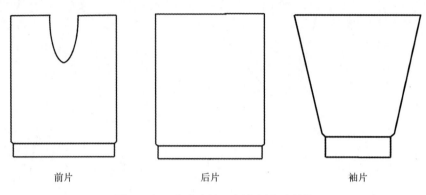

| 前片 | 后片 | 袖片 |

图 5-2-4　直肩直袖 V 领套衫衣片结构

2. 平肩平袖型

平肩型为水平或微斜肩线和垂直、斜线的挂肩线的结合。平肩型是仿人体肩部结构的造型，这种肩型的羊毛衫穿着舒适，行动自然，是国内羊毛衫常用的肩型。图 5-2-5 为两款平肩平袖圆领套衫衣片结构图。

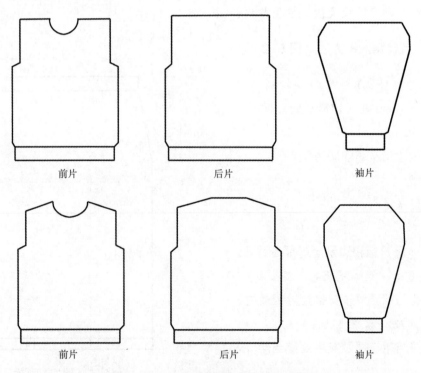

| 前片 | 后片 | 袖片 |
| 前片 | 后片 | 袖片 |

图 5-2-5　平肩平袖圆领套衫衣片结构

3. 斜肩平袖型（背肩型）

斜肩（背肩）平袖型为背向斜线肩线和垂直、斜线的挂肩线的结合。此肩型外表与平肩型相似，只是肩缝折向后身，所以也称背肩型，是高档羊毛衫服装常用的肩型。图 5-2-6 为斜肩平袖 V 领套衫衣片结构图。

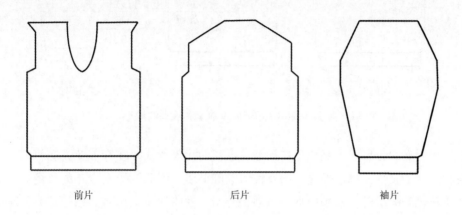

前片　　　　　　　　后片　　　　　　　袖片

图 5-2-6　斜肩平袖 V 领套衫衣片结构

4. 斜肩斜袖型（插肩袖型）

图 5-2-7 为斜肩斜袖 V 领套衫衣片结构图。此为斜肩型的一种，俗称插肩袖，肩型活泼、自然、美观，对人体有收缩感。斜肩斜袖为斜线肩线。

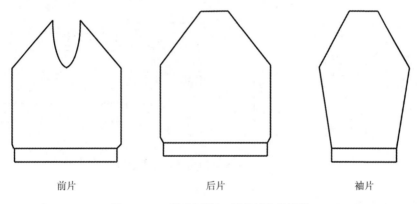

前片　　　　　　　　后片　　　　　　　袖片

图 5-2-7　斜肩斜袖 V 领套衫衣片结构

5. 马鞍肩型

马鞍肩型，其对应的袖型属于马鞍斜袖型，此肩型的造型较前三种复杂，对人体有扩张感，使人体感觉魁伟。马鞍肩型的肩线为类似马鞍型的曲线。图 5-2-8 为马鞍肩 V 领套衫衣片结构图。

6. 蝙蝠袖圆领套衫

蝙蝠袖套衫是借鉴蝙蝠的翅膀形状应用于服装设计上而成的，将衫身和袖有机地结合

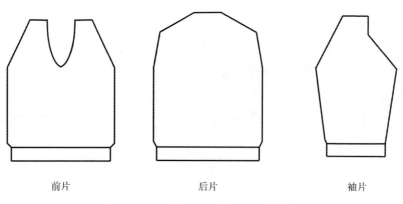

前片　　　　　　后片　　　　　　袖片

图 5-2-8　马鞍肩 V 领套衫衣片结构

在一起，无明显的分界线，是宽体广袖型羊毛衫的代表款式。在穿着此类套衫时，在腰部束上各种形状的腰带，将格外显示出女性的翩翩柔姿，因此深受女青年的喜爱。蝙蝠袖女套衫，在横机上编织时，常采用从一只袖子开始，横向编织至另一只袖子结束，然后缝合袖口、下摆、领口而成。蝙蝠袖女套衫的领型有圆领、一字领、双层翻领等，花色主要有素色、纵条、提花以及绣花等。

图 5-2-9 为蝙蝠袖圆领套衫衣片结构图。

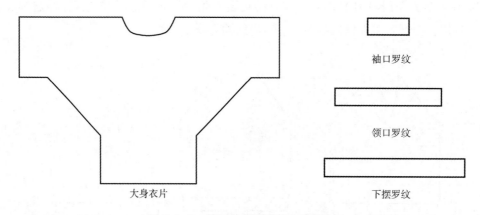

袖口罗纹

领口罗纹

大身衣片

下摆罗纹

图 5-2-9　蝙蝠袖圆领套衫衣片结构

7. 直筒裙衣片结构

直筒裙由大小相同的两片组成，腰部常为基础组织双层结构，直筒裙身组织可以采用纬平针组织；腰和下摆组织可采用 1+1 罗纹组织。图 5-2-10 为直筒裙衣片结构图。

8. 长裤衣片结构

长裤由大小相同、左右对称的两片组成，腰部常为基础组织双层结构。裤身组织可以采用纬平针、罗纹等组织，下摆和腰部组织可以采用 1+1 罗纹组织等。图 5-2-11 为长裤衣片结构图，箭头所示为编织方向，即从裤腰开始织起。

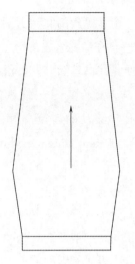

图 5-2-10　直筒裙衣片结构　　　　　图 5-2-11　长裤衣片结构

第三节　羊毛衫款式设计

一、羊毛衫款式设计概述

(一) 款式设计的构思

羊毛衫的款式设计存在三种不同的设计倾向，一是创潮流设计，二是赶潮流设计，三是仿制设计。服装款式设计的灵感、构思、取材面非常广阔，主要有以下几个方面。

1. 从仿生方面构思

自然界的生物，无论是飞禽走兽，还是花草虫鱼，是取之不尽、用之不竭的创作源泉，如仿燕尾的燕尾服、仿喇叭花型的喇叭裙等。

2. 从心理方面构思

服装款式的发展，是人们心理的反映。据统计，每年服装款式设计80%都是在原有基础上稍做变化，只有20%作尝试性新款式设计，而这20%仍不会脱离人体的基本结构，离不开人的心理追求。例如，为了满足长期生活在城市中的人们"回归大自然"的心理，出现了旅游型、海滩型、山村型等各种款式的服装。

3. 从人物性格方面构思

人有不同的性格，有的人性格刚毅、有的人性格活泼，也有的人性格孤僻。因而，设计时应从人的不同性格出发，寻求最合适、最满意的式样。

4. 从民族服饰方面构思

我国是一个多民族的文明古国，各民族的服装伴随着历史的发展而不断发展变化，成为我国文化艺术的有机组成部分，为服装款式设计构思蓄藏了取之不尽、用之不竭的源泉，如旗袍便是在借鉴满族妇女服装的基础上设计的。

5. 从建筑方面构思

服装素有"流动的建筑"和"活动的雕塑"之称。现代法国服装设计大师伊夫·圣·洛朗（Yves Saint laurent）设计的中国风服装，便是汲取中国翘角屋檐建筑的特征而设计的。

6. 从音乐方面构思

音乐使人们步入诗的境界，而服装设计也使人们同样步入诗的境界，两者表现手法不同，但作用相同。如俄罗斯音乐中，长音节流动的乐句同他们的自由、流畅的服装线条相一致；我国云南傣族妇女的装扮，是与她们舒展的双臂和腰肢的动作相吻合的。

（二）款式分类与设计

1. 男装款式

男装款式主要有开衫、套衫、背心及套装，配套产品有帽子、围巾、手套、袜子等。该类款式的设计，必须适合男性体型、特征及性格、气质，即体型线条比较刚劲挺拔，性格比较豪爽开朗。

形体设计，可采用贴体、半贴体和宜简型等。不论何种形体设计，都必须注意肩、胸、臀等的比例和线条的塑造。特别要注意衬托男性肩、胸较宽的体型特征。

年龄组不同，在款式设计上也有不同要求。青年男子活泼好动，趋向于选择运动衣、夹克衫等；中、老年男子一般较沉着、稳重，要求方便、舒适，大多喜欢 V 领开衫、套衫、开衫背心等传统款式。

2. 女装款式

女装款式主要有开衫、套衫、背心，裤子、裙装等套装，配套产品有帽子、围巾、披肩、手套、袜子等。"服装是人体的第二层皮肤"，女装款式的设计，必须考虑女性体型的特点，即女性肩较窄而倾斜，三围明显，整个体型线条柔和而富于变化。设计必须以秀丽、雅致为基调，切忌刻板呆滞。形体设计有贴体、松身、宜简型及其他形式等多种。

具体设计中，考虑不同年龄段的要求。女青年性格活泼、好动、爱美、爱赶潮流，对贴体和松身较感兴趣；中、老年妇女较沉着、稳重，要求毛衫款式优雅别致、稳重大方。

3. 童装款式

童装款式主要有开衫、套衫、背心、裤子、裙子及套装，配套产品有帽子、围巾、手套、袜子等。

童装中，学生服应大方素雅，结构要实用、自然，色彩不可太艳；外出服要活泼而富有朝气，造型要注意成人时装流行特点与少年儿童服装特点相结合。童装的对象虽为儿童，但一般由父母及亲友帮助选择、购买，故设计时应兼顾儿童的特点和成年人的喜爱与欣赏要求。

二、羊毛衫款式设计

（一）圆领女式套衫款式设计

如图 5-3-1 所示为平肩平袖圆领套衫的实物图，衣身前片设计为菱形色块图案花型，其主要规格尺寸见表 5-3-1。衣身、袖身均采用纬平针结构，袖口、下摆及领条均采用 1+1 罗纹，双层领。

图 5-3-1　平肩平袖圆领套衫的实物图

表 5-3-1　规格尺寸表　　　　　　　　（单位：cm）

编号	1	2	3	4	5	6	7	8	9	10
部位	胸宽	衣长	袖长	挂肩	肩阔	领宽	领深	领高	袖宽	袖口宽
规格	42	57	48	20	35	18	7	11	15	8

其款式图设计步骤如下（绘制比例 1∶5）。

1. 平面款式绘制

步骤一：图纸设置

打开 Illustrator CS6 软件，进入工作界面。在菜单栏中，执行"文件"→"新建"命令，即打开"新建文档"对话框（图 5-3-2）。在对话框进行图纸设置，可对图纸的名称、大小、单位等进行设置。如图纸大小可选择"A4"，单位为"毫米"，取向为"竖向"等。

步骤二：辅助线设置

为了绘图的精确和方便，需要在图纸上设置原点和辅助线。先执行菜单栏中"视图"→"标尺"→"显示标尺"，在编辑区的上方和左方边缘即显示出标尺。

图纸原始的坐标原点默认在图纸左上角，若想将原点设置在图纸的中央，可采用将鼠

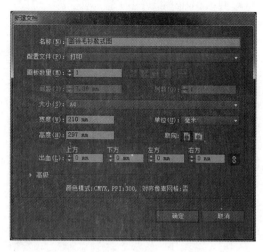

（1）　　　　　　　　　　　　　　　（2）

图 5-3-2　"新建文档"对话框

标移至编辑区的左上角（图 5-3-3），按住鼠标左键不放，向右、向下拖动鼠标，即可将原点位置进行重新设置。采用此种方法，在进行服装款式绘制时，可将原点位置设置在图纸中央。

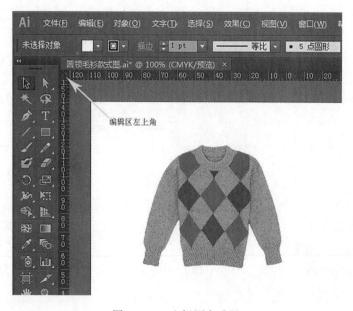

编辑区左上角

图 5-3-3　坐标原点重置

将鼠标移至边缘标尺处，按住鼠标左键不放，向图纸内拖动鼠标即可移出辅助线。按照 1 : 5 的比例，依据羊毛衫的关键数据，如胸宽 42cm、衣长 57cm、袖长 48cm（表 5-3-1）等数据进行辅助线的设置（图 5-3-4），在绘制过程中也可以根据需要随时增减辅助线。

图 5-3-4 辅助线

步骤三：外形轮廓绘制

新建"外形轮廓"图层，参照辅助线，选择工具箱中的【钢笔工具】进行外轮廓的绘制（图 5-3-5），在控制栏里设置描边粗细为"4pt"，描边色为"黑色"（图 5-3-6）。

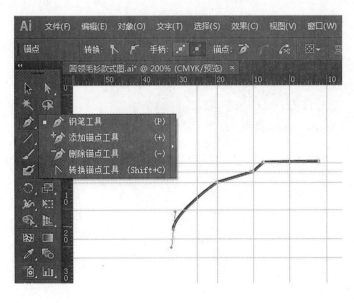

图 5-3-5 廓型绘制　　　　　　　　　　　　　　图 5-3-6 描边设置

可以通过【增加锚点】工具在有弧度线迹处增减锚点，并通过锚点类型转换或者手柄线对廓型进行调整。羊毛衫外形轮廓如图 5-3-7 所示。

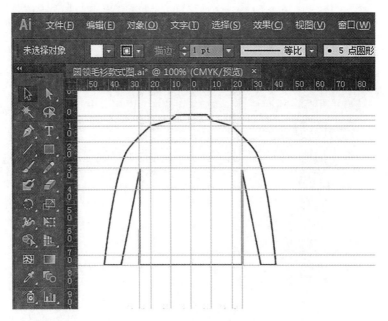

图 5-3-7　羊毛衫外形轮廓

步骤四：内部结构绘制

选择工具箱中的【钢笔工具】绘制毛衫袖口罗纹与袖身连接线、下摆罗纹与衣身连接线。点击工具箱【直线】工具下拉菜单，选择【弧线】工具绘制衣领及袖窿。完成的羊毛衫款式图如图 5-3-8 所示。

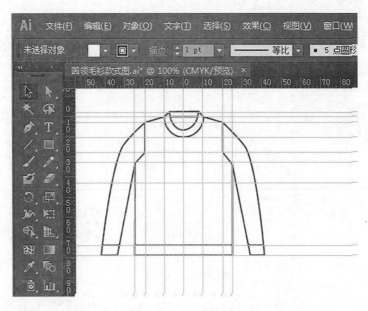

图 5-3-8　羊毛衫款式图

2. 花型效果绘制

步骤一：设置背景色

新建图层，并命名为"实物图"，点击【直接选择】工具，选择毛衫款式图，点击【取色】工具，并选取实物图背景色，然后再点击毛衫款式图，则将羊毛衫的背景颜色设置成为毛衫实际颜色，如图 5-3-9 所示。

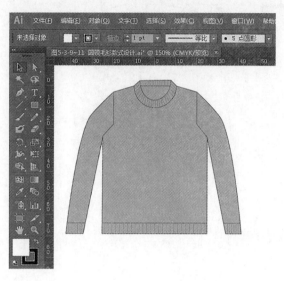

图 5-3-9　衣身背景

步骤二：绘制花型图案

新建图层，并命名为"花型图案"，利用【钢笔工具】绘制毛衫衣片上的菱形图案，并上色。将图案放置于毛衫上合适的位置（图 5-3-10）。

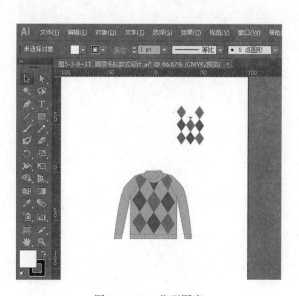

图 5-3-10　花型图案

步骤三：绘制罗纹效果

新建图层，并命名为"罗纹线条"，利用【钢笔工具】绘制毛衫袖口、领口及下摆处的罗纹条纹线，完成的羊毛衫款式效果图如图 5-3-11 所示。

图 5-3-11　羊毛衫款式效果图

(二)　高领长身毛衫款式设计

1. 平面款式绘制

步骤一：新建文档并置入参考图片

启动 Adobe Illustrator CS6 之后，即可进入操作界面，菜单栏下执行"文件"→"新建"，在弹出的对话框中设置文件名称、尺寸、纸张方向、颜色模式（图 5-3-12）。

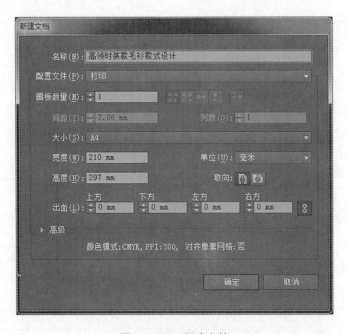

图 5-3-12　新建文档

　　菜单栏下执行"文件"→"置入",选择所需参考图片,使用【选择工具】,按下 Shift 键,等比例缩放至合适大小。使用菜单栏下"窗口"→"透明度",使用【选择工具】选择 图片,修改透明度(图5-3-13)。然后使用【直线工具】在不同图层绘制出对称参考线 (图5-3-14)。

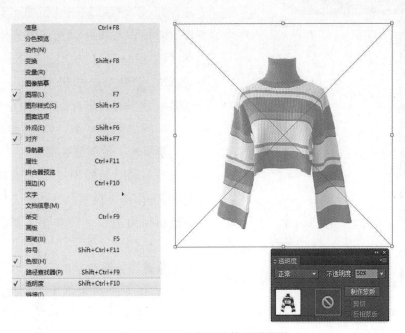

图 5-3-13　选择图片修改透明度

图 5-3-14　绘制对称参考线

步骤二：绘制轮廓

使用【钢笔工具】绘制出服装的半边轮廓（设置为无填色、黑色描边、描边粗细为 2pt）（图 5-3-15），使用【选择工具】选择路径，然后使用【镜像工具】，按 Alt 键定对称中心，并设置成垂直对称进行复制（图 5-3-16），使用【选择工具】选中全部路径，打开菜单栏下"窗口"→"路径查找器"，并将路径进行合并（图 5-3-17）。

2. 服装效果绘制

步骤一：绘制服装褶皱

在不同图层使用【钢笔工具】绘制出服装的褶皱（设置为无填色、黑色描边、描边粗细为 1pt），同步骤 3 复制出另一半（图 5-3-18）。

步骤二：服装上色

使用【选择工具】全选路径，利用【实时上色工具】进行上色，可使用条纹系列面料设计色板进行填色（图 5-3-19）。

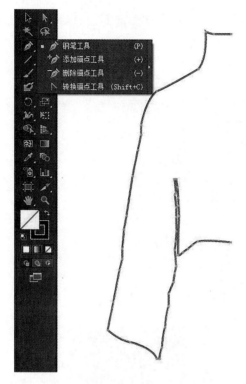

图 5-3-15　绘制服装半边轮廓

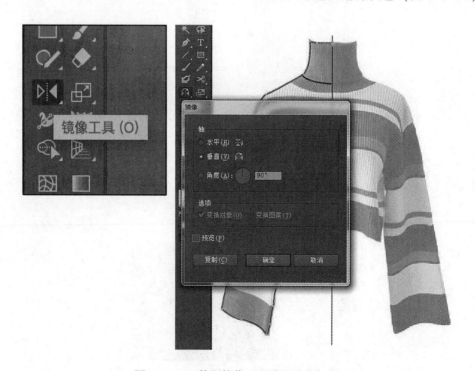

图 5-3-16　使用镜像工具设置对称复制

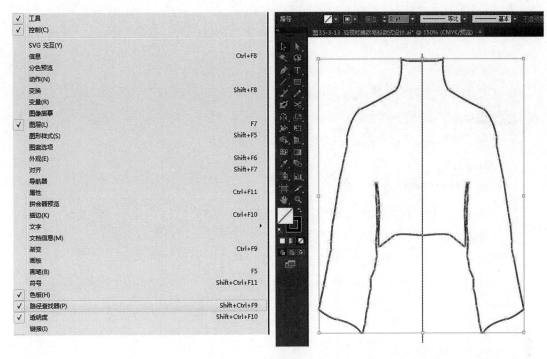

图 5-3-17　合并路径绘制完整外轮廓

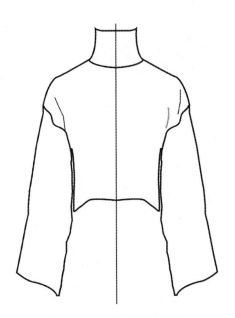

图 5-3-18　绘制服装褶皱

图 5-3-19　对面料进行填色

实训项目一：羊毛衫款式图的制作

一、实训目的

1. 主要训练学生理论联系实际的能力。

2. 掌握羊毛衫款式图的绘制方法。

3. 掌握计算机辅助设计在羊毛衫款式图绘制中的应用。

二、实训条件

1. 作图工具如铅笔、直尺、剪刀等。

2. Adobe Illustrator 设计软件，或者其他相关软件。

三、实训项目

1. 网络下载或者通过拍摄、扫描等方法收集成形针织服装图片若干张。

2. 使用【钢笔工具】线描成形针织服装款式结构。

3. 撰写报告。

四、操作步骤

1. 安装并注册软件。

2. 启动系统，选择功能模块。

3. 基本款式图制作。

4. 增加平面款式图内的元素。

5. 保存款式图。

五、实训报告

1. 色彩模式为 CMYK。

2. 纸张页面为 A4。

3. 绘制羊毛衫款式图，要求图层分解细致、清楚。

4. 总结本次实训的收获。

 实训项目二：羊毛衫规格尺寸设计

一、实训目的

1. 掌握羊毛衫相关规格的定义及表示方法。

2. 掌握羊毛衫测量部位及规定。

3. 掌握羊毛衫规格尺寸设计的方法。

二、实训条件

1. 羊毛衫若干件。

2. 人台若干。

3. 直尺、铅笔、白纸。

三、实训项目

1. 从日常生活中找出不同种类的羊毛衫，测量各部位规格尺寸。

2. 测量人体各部位数据。

3. 分析人体测量部位数据与毛衫主要规格之间的关系。

4. 针对所设计的羊毛衫款式，确定该款式的各部位规格尺寸。

四、实训报告

1. 画出所测成形针织服装丈量图。

2. 在丈量图上标注测量方法，并制作规格尺寸数据表。

3. 总结本次实训的收获。

第六章　羊毛衫工艺设计

第一节　羊毛衫工艺设计基础

羊毛衫既是良好的保暖衣着，又是一种艺术的装饰品，因此羊毛衫产品设计是一项技术与艺术相结合的综合性设计。应对所用的原料、纱线细度、织物密度和组织结构、服装的款式、花型图案和色彩、后整理及产品的装饰等做全面的设计，以适应各类不同消费者的需求。

羊毛衫编织工艺的设计与计算，是羊毛衫设计过程中的重要环节，其工艺的正确与否直接影响产品的款式造型及规格尺寸，并对劳动生产率、成本均有很大的影响。羊毛衫的工艺计算，是以成品密度为基础，根据产品各部位的规格尺寸，计算并确定所需要的针数（宽度）、转数或横列数（长度）。同时要考虑在控制成衣过程中的损耗（缝耗）。羊毛衫工艺计算的方法不是唯一的。各地区、各企业，甚至各设计者都有自己的计算方法和习惯，只要设计计算生产出符合要求的产品即可，但其计算的原理是完全相同的。

一、羊毛衫工艺计算流程

羊毛衫工艺计算流程如图6-1-1所示。

二、羊毛衫工艺计算通式

成形针织横机产品各部位的针数（纵行数）N、横列数 R 和编织转数 K 可以通过下面的公式计算出来。

$$N_i = \sum_{i=1}^{n} (W_i + \Delta W_i) \times P_{Ai}$$

$$R_i = \sum_{i=1}^{n} (L_i + \Delta L_i) \times P_{Bi}$$

$$K_i = R_i \cdot C$$

式中：N——针数（纵行数），针；

　　　R——横列数，横列；

　　　K——转数，转；

　　　W——产品宽度（横向尺寸），cm；

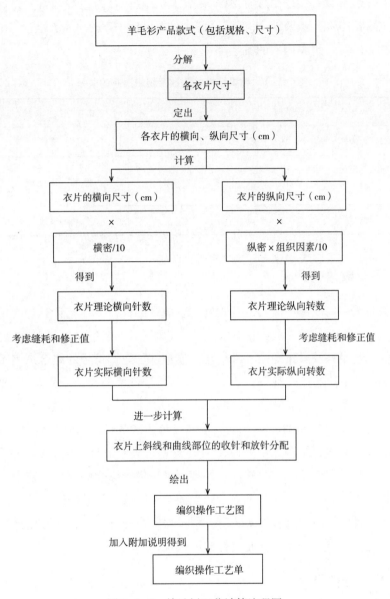

图 6-1-1 羊毛衫工艺计算流程图

L——产品长度（纵向尺寸），cm；

ΔW——横向缝耗和修正值尺寸，cm；

ΔL——纵向缝耗和修正值尺寸，cm；

P_A——横向密度，纵行/10cm；

P_B——纵向密度，横列/10cm；

C——组织因素，为常数。

如果在计算宽度 W 内只有一种横密 P_A（纵行/10cm），则此宽度内的针数 $N=$（$W+\Delta W$）$\times P_A/10$。同样，如果在计算长度 L 内只有一种纵密 P_B（横列/10cm），则此长度内的

横列数 $R=（L+\Delta L）\times P_B/10$，对应的编织转数 $K=R\times C$，C 为组织因素。设计中也可以先将纵密 P_B（横列/10cm）换算为 P_B（转/10cm），则编织转数 $K=（L+\Delta L）\times P_B/10$。

组织结构、转数及组织因素的关系如表 6-1-1 所示。

表 6-1-1　组织结构、转数及组织因素的关系

组织结构	线圈横列数与转数	组织因素
畦编、半畦编（正面）、双罗纹、罗纹半空气层（反面）	一转一横列	1
纬平针、半畦编（反面）、四平（满针罗纹）、1+1 罗纹、罗纹半空气层（正面）	一转二横列	1/2
罗纹空气层（四平空转）	三转四横列	3/4

三、羊毛衫收放针分配

羊毛衫的曲线和斜线部位需要进行收针或者放针的操作，工艺计算过程中，设计人员需要确定这些部位的收针或者放针针数、转数，以及收针或者放针采用的段数。

在产品的工艺设计及操作图中，常用阿拉伯数字与运算符号的组合来表示收、放针分配，如第 i 段的收针可以表示为 $(a_i-b_i)\times c_i$，即在第 i 段的收针情况为 a 转收 b 针，重复 c 次；放针可以表示为 $(a_i+b_i)\times c_i$，即在第 i 段的放针情况为 a 转放 b 针，重复 c 次。$a_i\times c_i$ 是该段的收针或者放针转数，$(b_i\times c_i)$ 是该段每边的收针或者放针针数。一般情况下，横机产品的曲线和斜线部位多采用一段、两段或者三段收放针分配，即 i 的取值为 1~3，在实际设计中，要根据产品的内在质量、外观要求等进行综合确定。工艺中先收或者先放是指先进行收、放针操作再平摇；否则为先平摇再进行收、放针操作。

关于收针或者放针的分配有拼凑法、方程式法等多种方法，在实际生产中，设计人员也可以根据经验直接进行分配，再通过打样进行校正。

四、横机机号的选择

$$T_t=\frac{1000C}{G^2}\quad \text{或者}\quad N_m=\frac{G^2}{C}$$

式中：T_t——纱线线密度，tex；

　　　N_m——纱线线密度，公制支数；

　　　C——常数，取值 7~11，一般绒毛类纱线取值为 9，化纤类纱线取值为 8；

　　　G——机号，针/25.4mm。

第二节 羊毛衫工艺设计实例

一、V领平肩平袖女套衫设计

设计产品规格为90cm的V领平肩平袖女套衫，使用47.6×2tex的羊毛纱，在9G横机上编织平针组织和1+1罗纹组织，分别作为大身织物和领罗纹。

（一）确定产品试样、测量部位及成品规格尺寸

本产品为最为常见的V领平肩平袖套衫，其试样及丈量部位如图6-2-1所示，其成品规格尺寸如表6-2-1所示。

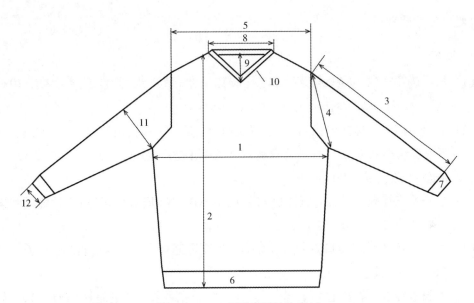

图6-2-1　V领平肩平袖女套衫

表6-2-1　成品规格尺寸　　　　　　　　　　（单位：cm）

编号	1	2	3	4	5	6	7	8	9	10	11	12
部位	胸宽	衣长	袖长	挂肩	肩宽	下摆罗纹	袖口罗纹	领宽	领深	领高	袖宽	袖口宽
规格	42	57	48	20	35	6	6.5	18	9	5.6	15	9

（二）选择机号

根据 $T_t = 1000C/G^2$

得 $G=(1000C/T_t)^{1/2}$

因为：$T_t=47.6\times2=95.2$，C 取 9

所以：$G=(1000\times9/85.2)^{1/2}=9.7$

机号 G 为 9.7，即可选用 9 针/2.54cm 的横机。

（三）确定产品各部段组织结构与成品密度

其各部段的组织结构选取为：前身、后身、袖子采用纬平针组织；下摆罗纹、袖口罗纹与领罗纹采用 1+1 罗纹组织。

通过试织小样，确定出羊毛衫各衣片部位的成品密度为：前、后身横密 P_A 为 44.7 纵行/10cm、纵密 P_B 为 67.8 横列/10cm（33.9 转/10cm）；袖子横密 P_A' 为 47.1 纵行/10cm、纵密 P_B' 为 64.4 横列/10cm（32.2 转/10cm）（袖子的密度可由大身的密度加一定的修正值而得出）；下摆罗纹、袖口罗纹的纵密均为 83.4 横列/10cm（41.7 转/10cm）。

（四）工艺计算

1. 后身

（1）后身胸宽针数：后身胸宽针数=（胸宽尺寸-后折宽-弹性差异）$\times P_A$/10+摆缝耗×2=（42-1-0.5）×44.7/10+2×2=185.03，取 185 针。

（2）后身下摆罗纹排针（条）：下摆罗纹翻针完后，采用快放针为：1+1×2（先放）。

后身下摆罗纹排针（条）=（后身胸宽针数-快放针数×2）÷2=（185-2×2）÷2=90.5，取正面 91 条，反面 90 条。

（3）后身肩宽针数：后身肩宽针数=肩宽尺寸×P_A/10×肩宽修正值+上袖缝耗×2=35×4.47×0.95+2×2=152.6，取 153 针。

（4）后领口针数：后领口针数=（领宽-两领边缝耗宽度）×P_A/10=（18-1.5）×4.47=73.76，取 73 针。

（5）衣长总转数：衣长总转数=（衣长尺寸-下摆罗纹-测量差异）×P_B/10+缝耗=（57-6-0.5）×3.39+2=173.2，取 174 转。前、后身的衣长转数相同，都为 174 转。

（6）前后身挂肩总转数：前后身挂肩总转数=（挂肩尺寸×2-几何差）×P_B/10+肩缝耗×2=（20×2-3）×3.39+2×2=129.4，取 129 转。

（7）后身挂肩转数：后身挂肩转数=前后身挂肩总转数/2=129/2=64.5，取 65 转。

（8）后身挂肩收针转数：后身挂肩收针转数=后身挂肩收针长度×P_B/10=8×3.39=27.12，取 27 转。

取后身挂肩收针长度为 8cm。

（9）后身挂肩平摇转数：后身挂肩平摇转数=后身挂肩转数-后身挂肩收针转数=65-27=38，取 38 转。

（10）后肩收针转数：后肩收针转数=后肩收针长度×P_B/10=10×3.39=33.9，取 34

转。此处，后肩收针长度即为肩斜，取 5~10cm。

（11）后身挂肩以下转数：后身挂肩以下转数=后身衣长总转数−后身挂肩转数−后肩收针转数=174−65−34=75，取 75 转。

（12）后身下摆罗纹转数：后身下摆罗纹转数=（罗纹长度−空转长度）×下摆罗纹纵密/10=（6−0.2）×4.17=24.19，取 24 转。

（13）后身挂肩收针分配：每边需收针数=（185−153）/2=16 针；收针转数为 27 转。

采用先收针，利用直接拼凑法得到收针分配式为：

$$\begin{cases} 3-1\times4 \\ 3-2\times6 \text{（先收）} \end{cases}$$

（14）后肩收针分配：每边需收针数=（153−73）/2=40 针；取收针完后的平摇转数为 2 转；则实际收针转数为 34−2=32。

此处后肩收针采用"先缓后急"的收针方法，最终分配式为：

$$\begin{cases} \text{平摇 2 转} \\ 1-2\times8 \\ 2-2\times12 \end{cases}$$

2. 前身

（1）前身胸宽针数：前身胸宽针数=（胸宽尺寸+后折宽−弹性差异）×P_A/10+摆缝耗×2=（42+1−0.5）×44.7/10+2×2=193.97，取 193 针。

（2）前身下摆罗纹排针（条）：取下摆罗纹翻针完后，采用快放针=1+1×2（先放）。

前身下摆罗纹排针=（前身胸宽针数−快放针数×2）÷2=（193−2×2）÷2=94.5，取正面 95 条，反面 94 条。

（3）前身肩宽针数：前身肩宽针数=肩宽尺寸×P_A/10×肩宽修正值+上袖缝耗×2=35×4.47×0.95+2×2=152.63，取 153 针。

（4）前领口针数：前领口针数=（领宽−两领边缝耗宽度）×P_A/10=（18−1.5）×4.47=73.7，取 73 针。

（5）前身挂肩转数：前身挂肩转数=前后身挂肩总转数/2=129/2=64.5，取 65 转。

（6）前身挂肩收针转数：前身挂肩收针转数=后身挂肩收针转数=27 转。

（7）前身挂肩平摇转数：前身挂肩平摇转数=前身挂肩转数−前身挂肩收针转数=65−27=38，取 38 转。

（8）前身挂肩以下转数：前身挂肩以下转数=后身挂肩以下转数=75 转。

（9）前身下摆罗纹转数：前身下摆罗纹转数=后身下摆罗纹转数=24 转。

（10）前身挂肩收针分配：每边需收针数=（193−153）/2=20；收针转数=27 转。

采用先收针，收针分配=3−2×10（先收）。

（11）前领深转数：前领深转数=领深尺寸×P_B/10=9×3.39=30.51，取 30 转。

（12）前领口收针分配：前领口针数为 73 针，领深转数为 30 转。

领底平收 3 针开领，余下需收针数＝73−3＝70 针，每边需收针数＝70/2＝35 针。利用直接拼凑法得到最终分配式为：

$$\begin{cases} \text{平摇 5 转} \\ 1{-}1{\times}15 \text{（收针）} \\ 1{-}2{\times}10 \text{（收针）} \\ \text{平收 3 针（开领）} \end{cases}$$

3. 袖片

（1）袖宽针数：袖宽针数＝2×袖宽×P'_A/10＋袖边缝耗×2＝2×15×4.71+2×2＝145.3，取 145 针。

（2）袖山头针数：袖山头针数＝（前身挂肩平摇转数+后身挂肩平摇转数−肩缝耗转数×2）÷P_B/10×P'_A/10＋缝耗针数×2＝（38+38−2×2）÷3.39×4.71+2×2＝104.03，取 105 针。

（3）袖山头记号眼针数：袖山头上第一只记号眼部位相当于后身挂肩平摇部位转数。

因此为：后身挂肩平摇转数÷P_B/10× P'_A/10＝38÷3.39×4.71＝52.7，取 50 针。

袖山头上第二只记号眼与第一只记号眼相对于袖子中心线对称，因此，其在袖山头另一边的 50 针处，两记号眼之间针数为 105−50×2＝5 针，需要说明的是，50 针中包括作为记号眼的那 1 针。

（4）袖口针数：袖口针数＝袖口尺寸×P'_A/10×2＋袖边缝耗×2＝9×4.71×2+2×2＝88.78，取 89 针。

袖罗纹针数分配为：正面 45 条，反面 44 条。

（5）袖长转数：袖长转数＝（袖长尺寸−袖口罗纹长度）×P'_B/10＋上袖缝耗＝（48−6.5）×3.22+4＝137.63，取 138 转。

（6）袖膊收针转数：此处袖膊即袖山收针转数与前身挂肩收针转数相同，即为 27 转。

（7）袖阔平摇处转数：一般为（3~5cm）×P'_B/10＝3×3.22＝9.66，取 10 转。

（8）袖片放针总转数：袖片放针总转数＝袖长转数−袖膊收针转数−袖阔平摇处转数＝138−27−10＝101，取 101 转。

（9）袖口罗纹转数：袖口罗纹转数＝（袖口罗纹长度−起口空转长度）×袖口罗纹纵密/10＝（6.5−0.2）×4.17＝26.27，取 26 转。

（10）袖膊收针分配：每边需收针＝（145−105）/2＝20 针。

收针转数为 27 转。

收针分配为：

$$\begin{cases} \text{平摇 2 转} \\ 2{-}1{\times}5 \\ 1{-}1{\times}15 \end{cases}$$

（11）袖片放针分配：在此介绍利用方程式来求收放针分配式的方法。

袖身每边需放针数＝（145-89）/2＝28 针。

取快放针为 1+1×2（先放）。

余下每边需放针数＝28-2＝26 针。若每次放 1 针，则放针次数为 26 次。

余下放针转数＝101-1＝100 转。每次放针转数为 100/26＝3 又 22/26，该值介于 3 与 4 之间。

故可设放针分配式为：$\begin{cases} 4+1\times y \\ 3+1\times x \end{cases}$

列方程：$\begin{cases} x+y=26 \\ 3x+4y=100 \end{cases}$

解此方程得：$x=4$；$y=22$。

因此，连同快放针在内的袖片放针分配式为：

$\begin{cases} 4+1\times22 \\ 3+1\times4 \\ 1+1\times2 \text{（先放）} \end{cases}$

4. 领罗纹

可通过实测计算得领罗纹宽为 40.5cm；其密度为 38.3 纵行/10cm×40.0 转数/10cm。

（1）领罗纹排针数＝40.5×38.3/10＝155.12，正面取 156 针，反面取 155 针。

（2）领罗纹转数＝5.6×40.0/10＝22.4，取 22 转。

（五）编制编织操作工艺单

确定出此羊毛衫的编织操作工艺单如下：

货号：××××××；

品名：V 领平肩平袖女套衫；

规格：90cm；

机号：9 针/25.4mm；

成品密度：P_A＝44.7 纵行/10cm，P_B＝33.9 转/10cm；

毛坯密度：P''_A＝44 纵行/10cm，P''_B＝33 转/10cm；

原料：47.6tex×2 羊毛纱；

颜色：蓝色；

缩片方式：先揉后掼；

空转：大身下摆罗纹，袖口罗纹均为 2-1；

收针方式：暗收针，收针辫子为 4 条；

织物组织：前身、后身与袖子采用纬平针组织，前身下摆、后身下摆、袖口和领采用

1+1 罗纹组织。

衣片操作工艺图如图 6-2-2 所示。

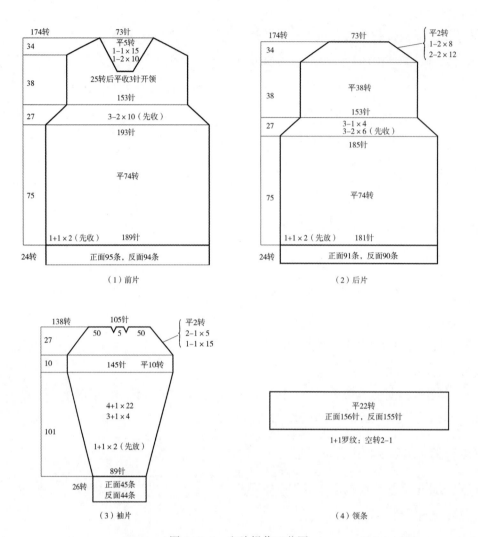

图 6-2-2　衣片操作工艺图

二、圆领插肩袖女开衫设计

设计产品规格为 90cm 的羊绒圆领插肩袖女开衫（连门襟），使用 83×1tex 的羊绒纱，在 11G 横机上编织平针组织和 1+1 罗纹组织，分别作为前后身织物和下摆、袖口、领罗纹织物。

（一）确定产品试样、测量部位及成品规格尺寸

本产品为插肩产品，其试样及丈量部位如图 6-2-3 所示。其成品规格尺寸如表 6-2-2 所示。

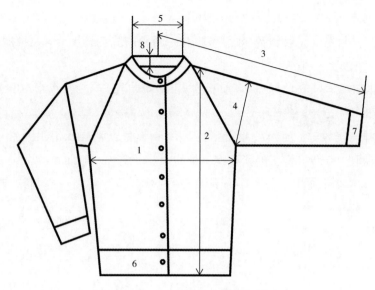

图 6-2-3 试样及丈量部位图

表 6-2-2 成品规格尺寸 （单位：cm）

编号	1	2	3	4	5	6	7	8
部位	胸围	衣长	袖长	袖阔	后领阔	下摆罗纹	袖口罗纹	领罗纹
规格	45	59.5	68	18	9	4	3	3

（二）选择机号

根据 $T_t = 1000C/G^2$

得 $G = (1000C/T_t)^{1/2}$

因为：$T_t = 83 \times 1 = 83$，C 取 9

所以：$G = (1000 \times 9/83)^{1/2} = 10.39$

机号 G 为 10.39，即可选用 11 针/2.54cm 的横机。

（三）确定产品各部段组织结构与成品密度

其各部段的组织结构选取为：前身、后身、袖子采用纬平针组织；下摆罗纹、袖口罗纹与领罗纹采用 1+1 罗纹组织。

通过试织小样，确定出羊毛衫各衣片部位的成品密度为前、后身横密 P_A 为 52 纵行/10cm、纵密 P_B 为 83 横列/10cm；袖子横密 P'_A 为 54 纵行/10cm、纵密 P'_B 为 80 横列/10cm（袖子的密度可由大身的密度加一定的修正值而得出）。

（四）工艺计算

1. 后身

（1）后身胸围针数 =（胸围尺寸-两边摆缝折向后身的宽度）×大身横密/10+缝耗针

数 = （45-1）×5.2+2×3 = 234.8 针，取 235 针。

（2）后领口阔针数 = （后领阔+领罗纹阔×2-两领边缝耗阔度）×大身横密/10 = （9+3×2-2）×5.2=67.6 针，取 67 针。

（3）后身长转数 = （衣长尺寸-下摆罗纹宽+测量差异）×大身纵密/10×组织因素+缝耗转数 = （59.5-4+0.5）×8.3×0.5+2=234.4 转，取 234 转。测量差异一般为 0.5~1cm。

（4）后身挂肩转数 = （袖阔尺寸+修正因素）×大身纵密/10×组织因素 = （18+6）×4.15=99.6 转，取 100 转。修正因素根据斜袖的倾斜而定，一般加 6~7cm。

（5）后身挂肩收针次数 = （后身胸围针数-后领口阔针数）/每次两边收去的针数 = （235-67）/6=28 次。

取收针分配式为：

$$\begin{cases} 4-3\times16 \\ 3-3\times12 \end{cases}$$

（6）下摆罗纹转数 = （下摆罗纹宽-起口空长度）×下摆罗纹纵密/10×组织因素 = （4-0.2）×5.5=20.9 转，取 20.5 转（下摆罗纹纵密 110 横列/10cm）。

（7）下摆罗纹排针 = 后身胸围针数/2=235/2=117.5 针，正面 118 条，反面 117 条。

2. 前身

（1）前身胸围针数 = （胸围尺寸+两边摆缝折向后身的宽度+门襟宽）×大身横密/10+摆缝和装门襟丝带的缝耗针数 = （45+1+2.5）×5.2+2×（3+2）= 262.2 针，取 262 针，门襟宽为 2.5cm。

（2）前领口针数 = 后领口针数+门襟宽针数 = 67+2.5×5.2=80 针，取 82 针。

（3）前身长转数 = 后身长转数 = 234 转。

（4）前身挂肩转数 = 后身挂肩转数 = 100 转。

（5）前身挂肩收针数 = 前身胸围针数-前领阔针数 = 262-82=180 针。

取收针分配式为：

$$\begin{cases} 4-2\times15 \\ 2-3\times20 \end{cases}$$

（6）下摆罗纹排针 = 前身胸围针数/2=262/2=131 针，正面 131 条，反面 131 条。

3. 袖片

（1）袖长转数 = （袖长-袖口罗纹-领罗纹-1/2 的领阔尺寸）×袖纵密/10×组织因素+缝耗转数 = （68-3-3-4.5）×4+4=234 转（此袖长规格是从领中量起）。

（2）袖阔最大针数 = 袖阔×2×袖横密/10+缝耗针数 = 18×2×5.4+6=200.4 针，取 201 针。

（3）袖山头针数 = 袖山头尺寸×袖横密/10+缝耗针数 = 4×5.2+6=26.8 针，取 27 针。

斜袖（插肩袖）山头一般为 4~5cm。

（4）袖山收针针数 = 袖阔最大针数-袖山头针数 = 201-27=174 针，取 174 针。

（5）袖山收针转数=后身挂肩转数=100 转。斜袖挂肩转数一般同后身挂肩转数。

（6）袖山收针分配式可确定为：

$$\begin{cases} 3{-}3{\times}16 \\ 4{-}3{\times}13 \end{cases}$$

（7）袖口罗纹交接处针数=袖口尺寸×2×袖横密/10+缝耗针数=11×2×5.4+6=124.8 针，取 125 针（袖口尺寸取 11cm）。

（8）袖身放针针数=袖阔最大针数-袖口针数=201-125=76 针，取 76 针。

（9）袖身放针转数=袖长转数-袖山转数-袖阔平摇转数=234-100-11=123 转（取袖阔平摇转数为 11 转）。

（10）袖身放针分配式可确定为：

$$\begin{cases} 3{+}1{\times}20 \\ 4{+}1{\times}15 \\ 1{+}1{\times}3 \end{cases}$$

（11）袖口罗纹排针=袖口罗纹交接处针数/2=125/2=62.5 针，正面 63 条，反面 62 条。

（12）袖口罗纹转数=（袖口罗纹宽-起口空转长度）×袖口罗纹纵密/10×组织因素=（3-0.2）×5.4=15.12 转，取 15.5 转（袖口罗纹纵密 108 横列/10cm）。

4. 领罗纹

（1）领罗纹计算：计算或实测领周长为 38cm，算得领罗纹针数为 226 针，取 227 针，正面 114 条，反面 113 条。

（2）领罗纹转数=领罗纹高×2×领罗纹纵密/10×组织因素+缝耗转数=3×2×5.5+2.5=35.5 转。领罗纹纵密为 110 横列/10cm。

（五）编制编织操作工艺单

确定出此毛衫的编织操作工艺单如下：

货号：×××××；

品名：圆领插肩袖女开衫；

规格：90cm；

机号：11 针/25.4mm；

成品密度：身 P_A=52 纵行/10cm，P_B=83 横列/10cm；袖 P_A''=54 纵行/10cm，P_B''=80 横列/10cm；

原料：83tex×1 羊绒纱；

颜色：粉色；

缩片方式：先揉后掼；

空转：大身下摆罗纹，袖口罗纹均为 2-1；

收针方式：暗收针，收针辫子为 4 条；

织物组织：前身、后身与袖子采用纬平针组织，前身下摆、后身下摆、袖口和领采用 1 + 1 罗纹组织。

衣片操作工艺图如图 6-2-4 所示。

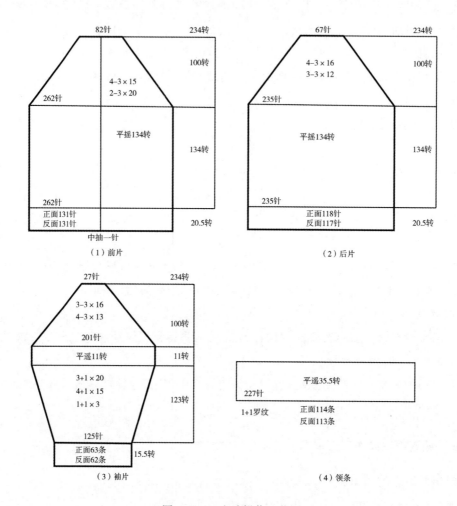

（1）前片   （2）后片

（3）袖片   （4）领条

图 6-2-4   衣片操作工艺图

三、V 领马鞍肩男开衫设计

羊毛衫中 V 领马鞍肩男开衫与 V 领男开衫一样，都是较典型的款式。V 领马鞍肩男开衫对人体有扩张感，使人体感觉魁伟，其外观潇洒，穿着舒适，深受中老年人的喜爱。

（一）确定产品试样、测量部位及成品规格尺寸

本品为马鞍肩男开衫产品（装门襟），其丈量图如图 6-2-5 所示，成品规格尺寸如表 6-2-3 所示。使用原料为 1×35.7tex×2（28 公支/2×1）羊绒纱。

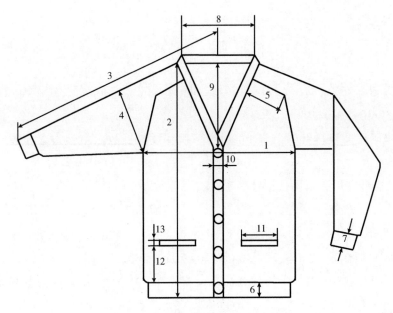

图 6-2-5 V 领马鞍肩男开衫丈量图

表 6-2-3 105cmV 领马鞍肩男开衫成品规格表 （单位：cm）

编号	1	2	3	4	5	6	7	8	9	10	11	12	13
部位	胸围	衣长	袖长	袖阔	单肩阔	下摆罗纹	袖口罗纹	后领阔	领深	门襟阔	袋阔	袋深	袋带阔
规格	52.5	69	77	22.5	9.5	7	5	10.5	26	3.2	11.5	13	2

（二）选择机号

根据 $T_t = 1000C/G^2$

得 $G = (1000C/T_t)^{1/2}$

因为：$T_t = 35.7 \times 2 = 71.4$，$C$ 取 9

所以：$G = (1000 \times 9/71.4)^{1/2} = 11.22$，选用 12 针/2.54cm 的横机。

（三）确定产品各部段组织结构与成品密度

毛衫各部段的组织结构为：前身、后身与袖子采用纬平针组织，前身下摆、后身下摆和袖口采用 1+1 罗纹组织，门襟带和口袋边采用满针罗纹组织，袋里布为平针组织。

通过试织小样，确定出毛衫各衣片部位的成品密度如表 6-2-4 所示。

表 6-2-4 各部位成品密度

衣片部段	前身	后身	袖子	下摆罗纹	袖口罗纹	门襟与袋带	袋里布
横密（纵行/10cm）	57	57	58	—	—	63	57
纵密（横列/10cm）	82	82	80	120	120	120	82

（四）工艺计算

1. 后身

（1）后身胸宽针数：后身胸宽针数＝（胸宽尺寸－后折宽）×P_A/10＋摆缝耗×2＝（52.5－1）×57/10＋2×2＝297.55，取 297 针。

（2）后身下摆罗纹排针数（条）：后身下摆罗纹排针数＝（后胸宽针数－快放针数×2）÷2。

下摆罗纹翻针完后，采用快放针为 1＋1×2（先放）。

故：排针数＝（297－2×2）÷2＝146.5 条，取正面 147 条，反面 146 条。

（3）后肩阔针数：后肩阔＝后胸围×（0.6~0.8）＝（52.5－1）×0.7＝36.05cm。

后肩阔针数＝肩阔尺寸×P_A/10＝36×57/10＝205.2，取 205 针。

（4）后领口针数：后领口针数＝（后领口宽尺寸＋领边阔×2－两领边缝耗阔度）×P_A/10＝（10.5＋3.2×2－2.5）×57/10＝82.08，取 83 针。

（5）后身长总转数：后身长总转数＝（衣长尺寸－下摆罗纹长）×P_B（转）/10＋肩缝耗＝（69－7）×41/10＋2＝256.2，取 257 转。

（6）后身收针总转数：后身收针总转数＝（袖阔尺寸＋修正因素）×P_B（转）/10＋肩缝耗＝（22.5＋6.5）×41/10＋2＝120.9，取 121 转。

（7）后肩收针转数：后肩收针长度一般等于后身长与前身长尺寸之差（6~9cm），此处取 8cm。

后肩收针转数＝后肩收针长度×P_B（转）/10＝8×41/10＝32.8，取 33 转。

（8）后身挂肩收针转数：后身挂肩收针转数＝后身收针总转数－后肩收针转数＝121－33＝88 转。

（9）后身挂肩以下转数：后身挂肩以下转数＝后身衣长总转数－后身挂肩收针转数－后肩收针转数＝257－33－88＝136 转。

（10）后身下摆罗纹转数：后身下摆罗纹转数＝（罗纹长度－空转长度）×下摆罗纹纵密（转）/10＝（7－0.2）×120/20＝40.8，取 41 转。

（11）后身挂肩收针分配：采用拼凑法得分配式如图 6-2-6 所示。

（12）后肩收针分配：采用拼凑法得分配式如图 6-2-6 所示。

2. 前身

（1）前身胸宽针数（半片）：前身胸宽针数＝［（胸宽尺寸－门襟阔＋后折宽）×P_A/10＋2×（摆缝耗＋门襟耗）］/2＝［（52.5－3.2＋1）×57/10＋2×（2.5＋2.5）］/2＝148.4，取 149 针。

（2）前身肩阔针数：肩阔尺寸一般可取胸宽尺寸的 0.7 左右，此处取 35cm。

前身肩阔针数＝［（肩阔尺寸－门襟阔）×P_A/10＋（上袖缝耗＋上门襟缝耗）×2］/2＝［（35－3.2）×57/10＋（2.5＋2.5）×2］/2＝95.6，取 95 针。

（3）单肩阔针数：单肩阔针数=单肩阔尺寸×P_A/10=9.5×57/10=54.2，取53针。

（4）前领部收针针数：前领部收针针数=前身肩阔针数−单肩阔针数=95−53=42针。

（5）前身挂肩以下转数：前身挂肩以下转数：与后身挂肩以下转数相同，故为136转。

（6）前身挂肩收针转数：前身挂肩收针转数=后身挂肩转数+缝耗转数（1~2转）=88+1=89转。

（7）领深转数：领深转数=（领深尺寸−后身长与前身长之差−测量因素）×P_B（转）/10+缝耗=（26−8−1）×41/10+1=70.7，取71转。

后身长与前身长之差取8cm。

（8）前身挂肩收针分配：采用拼凑法得分配式如图6-2-6所示。

（9）前领收针分配：采用拼凑法得分配式如图6-2-6所示。

（10）袋口阔针数：袋口阔针数=袋口阔尺寸×P_A/10=11.5×57/10=65.6，取66针。

（11）袋口嵌纱高度（转数）：袋口嵌纱高度=袋深尺寸×P_B（转）/10+袋口缝耗=13×41/10+1=54.3，取54转。

（12）前身下摆罗纹转数：前身下摆罗纹转数=后身下摆罗纹转数=41转。

3. 袖片

（1）袖阔针数：袖阔针数=2×袖宽×P_A/10+袖边缝耗×2=2×22.5×58/10+2×2=265针。

（2）袖口针数：袖口针数=袖口宽尺寸×2×P'_A/10+袖边缝耗×2。

取袖口宽尺寸为12cm，代入得12×2×58/10+2×2=143.2，取143针。

取袖口罗纹针数分配为：正面72条，反面71条。

（3）马鞍顶部针数：马鞍顶部针数=马鞍顶部尺寸×P'_A/10=9×58/10=52.2，取53针。

马鞍顶部在前身为8cm，在后身为1cm。

（4）马鞍底部针数：马鞍底部针数=马鞍底部尺寸×P'_A/10=8×2×58/10=92.8，取93针。

马鞍底部尺寸=马鞍前折尺寸×2。

（5）袖长转数：袖长转数=［袖长尺寸−袖口罗纹长度−（后领阔/2+门襟阔）］×P'_B（转）/10+缝袖缝耗=［77−5−（10.5/2+3.2）］×40/10+2=256.2，取256转。

（6）马鞍转数：马鞍转数=（前单肩尺寸+1）×P'_B（转）/10+缝耗转数=（9.5+1）×40/10+2=44转。

（7）袖挂肩收针转数：取袖子挂肩收针长度与后身挂肩收针长度相同，即88÷41/10×40/10=85.9，取86转。

（8）袖阔平摇处转数：袖阔平摇处转数=（3~5cm）×P'_B（转）/10=4×40/10=16转。

（9）袖片放针转数：袖片放针转数＝袖长转数－马鞍转数－袖膊（挂肩）收针转数－袖阔平摇处转数＝256-44-86-16＝110 转。

（10）袖口罗纹转数：袖口罗纹转数＝（袖口罗纹长度－起口空转长度）×袖口罗纹纵密（转）／10＝（5-0.2）×120/20＝28.8 转，取 29 转。

（11）袖膊（山）收针、袖片放针及马鞍收针可采用拼凑法或者方程式法，所得分配式如图 6-2-6 所示。

4. 附件

（1）门襟带排针数：门襟带排针数＝门襟带阔×门襟带横密/10＋缝耗针数＝3.2×63/10+2＝22.2，取 22 针。

为了使门襟边口外观圆顺、光洁，其排针情况为：正面 22 针，反面 21+1 针。

（2）门襟带长：门襟带长＝（衣长×2＋后领阔＋门襟阔＋缝耗）×（1＋门襟带回缩率）＝（69×2+10.5+3.2+2）×（1+8%）＝165.99cm，取 166cm。

式中取门襟带回缩率为 8%，缝耗为 2cm。

此门襟带长为下机回缩后的毛坯长度。

（3）袋带排针数：袋带排针数＝袋带阔×袋带横密/10＋缝耗针数＝2×63/10+1＝13.6，取 14 针。

排针情况为：正面 14 针，反面 13+1 针。

（4）袋带长（两个）：袋带长＝（袋阔×2＋缝耗）×（1＋袋带回缩率）＝（11.5×2+3）×（1+7%）＝27.82cm。

式中取袋带回缩率为 7%，缝耗为 3cm，此为袋带下机回缩后的毛坯长度。

（5）袋里布的针数：袋里布针数＝袋口阔针数＋缝耗针数＝66+2＝68 针，式中取缝耗针数为 2 针。

（6）袋里布转数：袋里布转数＝袋口嵌纱高度（转数）＋缝耗转数＝54+1＝55 转，式中取缝耗转数为 1 转。

（五）编制编织操作工艺单

确定出此毛衫的编织操作工艺单如下：

货号：×××××；

品名：V 领马鞍肩男开衫；

规格：105cm；

机号：12 针/25.4mm；

成品密度：身 P_A＝57 纵行/10cm，P_B＝82 横列/10cm；袖 P'_A＝58 纵行/10cm，P'_B＝80 横列/10cm；10 只拉密值 4.2cm。

原料：1×35.7tex×2（28 公支/2×1）羊绒粗纺针织绒；

颜色：中灰色；

空转：大身下摆罗纹，袖口罗纹均为 3-2；

收针方式：暗收针，收针辫子为 4 条；

织物组织：大身、袖子、袋里布为纬平针组织；大身下摆、袖口为 1+1 罗纹，门襟带和口袋边采用满针罗纹组织。

操作工艺图：如图 6-2-6 所示。

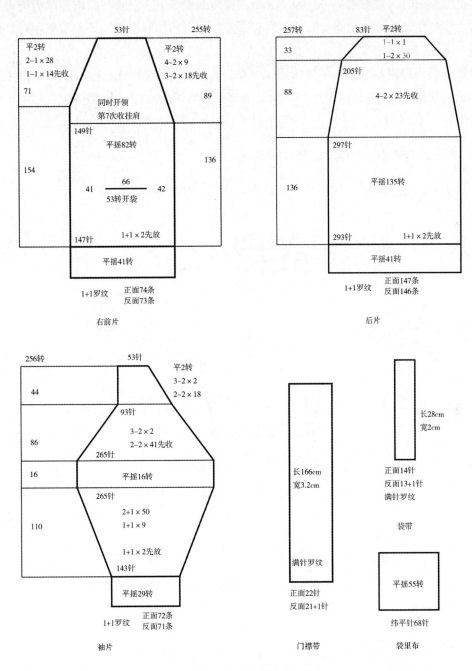

图 6-2-6 衣片操作工艺图

四、蝙蝠袖女套衫设计

蝙蝠袖女套衫是借鉴蝙蝠的翅膀形状应用于服装上设计而成的，将衫身和袖有机地结合在一起，无明显的分界线，是宽体广袖形毛衫的代表款式。穿着此类套衫时，在腰部束上各种形状的腰带，将格外显示出女性的翩翩柔姿，因此深受女青年的喜爱。蝙蝠袖女套衫，在横机上编织时，常采用从一只袖子开始，横向编织至另一只袖子结束，然后缝合袖口、下摆、领口而成。蝙蝠袖女套衫的领型有圆领、一字领、双层翻领等，花色主要有素色、纵条、提花以及绣花等。

本设计产品为规格是 100cm 的圆领蝙蝠袖女套衫，纱线原料用 2×38.5tex×2（26/2×2公支）腈纶针织绒，在 7G 横机上编织，大身为纬平针组织，袖口、下摆和领罗纹均为 1+1 罗纹组织。

（一）确定产品试样、测量部位及成品规格尺寸

本产品丈量部位如图 6-2-7 所示，其成品规格尺寸如表 6-2-5 所示。

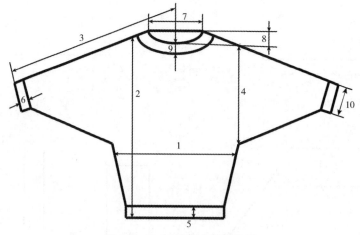

图 6-2-7　试样及丈量部位图

表 6-2-5　成品规格尺寸　　　　　　　　　　（单位：cm）

编号	1	2	3	4	5	6	7	8	9	10
部位	胸宽	衣长	袖长	挂肩	下摆罗纹	袖口罗纹	后领阔	领深	领罗纹	袖口宽
规格	50	58	72	27.5	6	6	12	6	2.5	18

（二）选择机号

根据 $T_t = 1000C/G^2$

得 $G = (1000C/T_t)^{1/2}$

因为：$T_t = 2×38.5×2 = 154$，C 取 9

所以：$G=(1000×9/154)^{1/2}=7.6$

机号 G 为 7.6，可选用 7 针/2.54cm 的横机。

(三) 确定产品各部段组织结构与成品密度

其各部段的组织结构选取为：前身、后身、袖子采用纬平针组织；下摆罗纹、袖口罗纹与领罗纹采用 1+1 罗纹组织。

通过试织小样，确定出毛衫各衣片部位的成品密度为：前身、后身及袖片的横密 P_A 为 31.5 纵行/10cm、纵密 P_B 为 46 横列/10cm（23 转/10cm）；下摆罗纹、袖口罗纹与领罗纹（双层）的横密 P'_A 为 15 纵行/10cm、纵密 P'_B 为 70 横列/10cm（35 转/10cm）。

(四) 工艺计算

1. 大身衣片

(1) 袖口宽针数：袖口宽针数 = 18×3.15+4 = 60.7，取 61 针。

(2) 挂肩处针数：挂肩处针数 = 27.5×3.15+4 = 90.6，取 91 针。

(3) 肩缝至胸宽处针数：肩缝至胸宽处针数 =（27.5+5.5）× 3.15+4 = 107.95，取 107 针。式中 5.5cm 为胸宽线低于挂肩的距离。

(4) 肩缝至直摆处针数：肩缝至直摆处针数 =（27.5+5.5+4）×3.15+2 = 118.6，取 119 针。胸宽线以下 4cm 处为直摆。

(5) 衣长针数：衣长针数（除去下摆罗纹）=（58-6）×3.15+4 = 167.8，取 168 针。

(6) 前领深针数：前领深针数 =（6+2.5）×3.15 = 26.8，取 27 针。

(7) 衣片总转数：衣片总转数 =（72-6）×2×2.3+5 = 308.6，取 309 转。

(8) 起口至挂肩线转数：起口至挂肩线转数 = 33×2.3+2 = 77.9，取 77 转。挂肩在袖长除去袖口罗纹长度后的一半处 [（72-6）/2 = 33cm]。

(9) 挂肩线至胸宽处之间的转数：挂肩线至胸宽处之间的转数 = [（72-6）-25-33]×2.3 = 18.4，取 18 转。

(10) 胸宽处至直摆处转数：胸宽处至直摆处转数 =（50-45）/2×2.3 = 5.75，取 6 转；直摆宽取胸宽的 90%（50×90% = 45）。

(11) 直摆宽转数：直摆宽转数 = 45×2.3+4 = 107.5，取 107 转。

(12) 领宽转数：领宽转数 =（12+2.5×2-2）×2.3 = 34.5，取 35 转。

(13) 挂肩以前放针分配：需放针：91-61 = 30 针，每次放 1 针，需放 30 次。每次放针转数：77/30 = 2 又 17/30。将余下的 17 转作为放针前的平摇转数。

$$\begin{cases} 2+1×30 \\ 平\ 17\ 转 \end{cases}$$

(14) 挂肩线至胸宽线处放针分配：需放针：107-91 = 16 针，每次放 1 针，需放 16 次。

每次放针转数：18/16=1 又 2/16，将此余下的 2 转作为放针前的平摇转数。则分配式为：

$$\begin{cases} 1+1\times16 \\ 平 2 \ 转 \end{cases}$$

（15）胸宽线处至直摆处放针分配：需放针数为 119−107＝12 针，每次放 1 针，需要放 12 次。

每次放针转数：6/12＝1/2。

则分配式为：1/2+1×12。

（16）领口收针分配：领宽转数为 35 转，将其 1/3 的转数（1/3×35＝11.6，取 11 转），作为领口底部平摇转数，余下 35−11＝24 转。

收领部位转数为 24/2＝12 转，需收针数为 27 针，取先平收 9 针，余下需收 27−9＝18 针。

12 转内需收 18 针，设其收针分配为：

$$\begin{cases} 1-1\times y \\ 1-2\times x \end{cases}$$

列方程为：$\begin{cases} x+y=12 \\ 2x+y=18 \end{cases}$　解此方程得：$\begin{aligned} x=6 \\ y=6 \end{aligned}$

故其总分配式为：

$$\begin{cases} 平 11 \ 转 \\ 1-1\times6 \\ 1-2\times6 \\ 平收 9 \ 针 \end{cases}$$

（17）前半身直摆处平摇转数：前半身直摆处平摇转数：（107−35）/2＝36 转。

（18）后半身收、放针分配：由于后半身相对于衣片中心线与前半身对称，因此，后半身的收、放针分配可仿前半身进行。

2. 附件

（1）领罗纹针、转数计算：

领圈周长＝（17/2+8.5）×π×1/2+17＝43.7cm。

17cm 是后领宽与 2 倍领罗纹高之和，8.5cm 是领深与领罗纹高之和。

领罗纹针数＝43.7×1.5+2＝67.5，取正面 68 针；反面 67 针。式中 2 为缝耗。

编织转数＝（2.5×2−0.2）×3.5+4＝20.8，取 21 转，0.2cm 为空转长度。

（2）袖口罗纹针、转数计算：袖口罗纹边阔取 13cm。

编织针数＝13×2×1.5+2＝41，取正面 41 针，反面 40 针。

编织转数＝（6−0.2）×3.5+2＝22.3，取 22.5 转。

（3）下摆罗纹针、转数计算：下摆罗纹边阔取 45cm。

编织针数＝45×1.5+2＝69.5，取正面 70 针，反面 69 针。

编织转数＝（6−0.2）×3.5+2＝22.3，取 22.5 转。

（五）编制编织操作工艺单

确定出此毛衫的编织操作工艺单如下：

货号：×××××；

品名：圆领蝙蝠袖女套衫；

规格：100cm；

机号：7针/25.4mm；

成品密度：P_A＝31.5 纵行/10cm，P_B＝46 横列/10cm；

毛坯密度：P''_A＝31.5 纵行/10cm，P''_B＝45 横列/10cm；

原料：2×38.5tex×2 腈纶针织绒；

颜色：红色；

缩片方式：卷缩；

空转：大身下摆罗纹、袖口罗纹、领罗纹均为 1–1；

收针方式：明收针；

织物组织：前身、后身与袖子采用纬平针组织，前身下摆、后身下摆、袖口和领采用 1+1 罗纹组织。

衣片操作工艺图如图 6-2-8 所示。

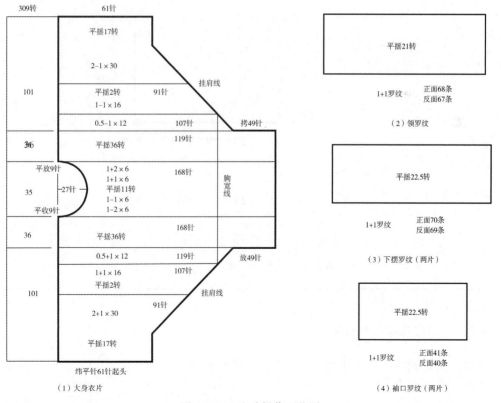

图 6-2-8　衣片操作工艺图

图中（1）大身衣片操作工艺图指的是前身衣片，其后身衣片的操作工艺图只是在领口处不收针（或平收 1cm 的针数，即 3 针），其余部位的工艺与前身衣片相同。

第三节　富怡毛衫工艺 CAD 设计

一、圆领套衫工艺 CAD 设计

(一) 产品款式及成品规格尺寸

本产品为 100#圆领套衫，在 9 号机上，采用 47.6tex×2 羊毛纱进行编织。其丈量方法、规格尺寸见图 6-3-1 和表 6-3-1。

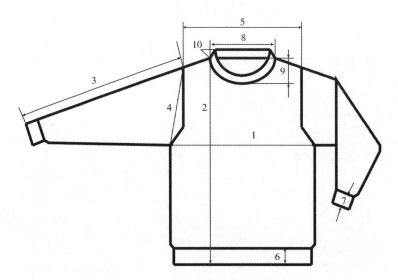

图 6-3-1　圆领套衫部位丈量示意图

表 6-3-1　成品规格尺寸表　　　　　　　　　（单位：cm）

编号	1	2	3	4	5	6	7	8	9	10
部位	胸宽	衣长	袖长	挂肩	肩阔	下摆罗纹	袖口罗纹	领宽	领深	领口罗纹
规格	48	58	53	19	37	7.5	7	18	7.5	4

(二) 产品坯布组织及参数

该产品的组织结构、各部位密度，如表 6-3-2 所示。

表 6-3-2　坯布参数表

坯布组织		密度（横密：纵行/10cm；纵密：转/10cm）					
前片 后片 袖片	下摆 袖口 领条	成品密度			下机密度		
		身袖 横/纵	下摆 袖口 纵	领条 横/纵	身袖 横/纵	下摆 袖口 纵	领条 横/纵
纬平针	2+1 罗纹	63/45.8	55	68/55	60/42.8	52	64/51.5

（三）产品工艺单设计

点击【新建文件】 📄 按钮，出现工艺数据对话框，对话框包括项目明细、款式与特征、部位设置、款式尺寸数据库以及公式五个选项卡，可以随时切换选项卡界面。根据工艺要求，设计人员一般只需要输入前四项内容，公式一般不做改变。

1. 项目明细项

项目明细内容有常规项内容（图 6-3-2）和密度项内容（图 6-3-3）。主要包括款式名称、款式代号、成品密度、下机密度、组织结构、收针方式等，有些需要输入，有些只需要选择即可。有些项目可以缺省，系统会自动分配。

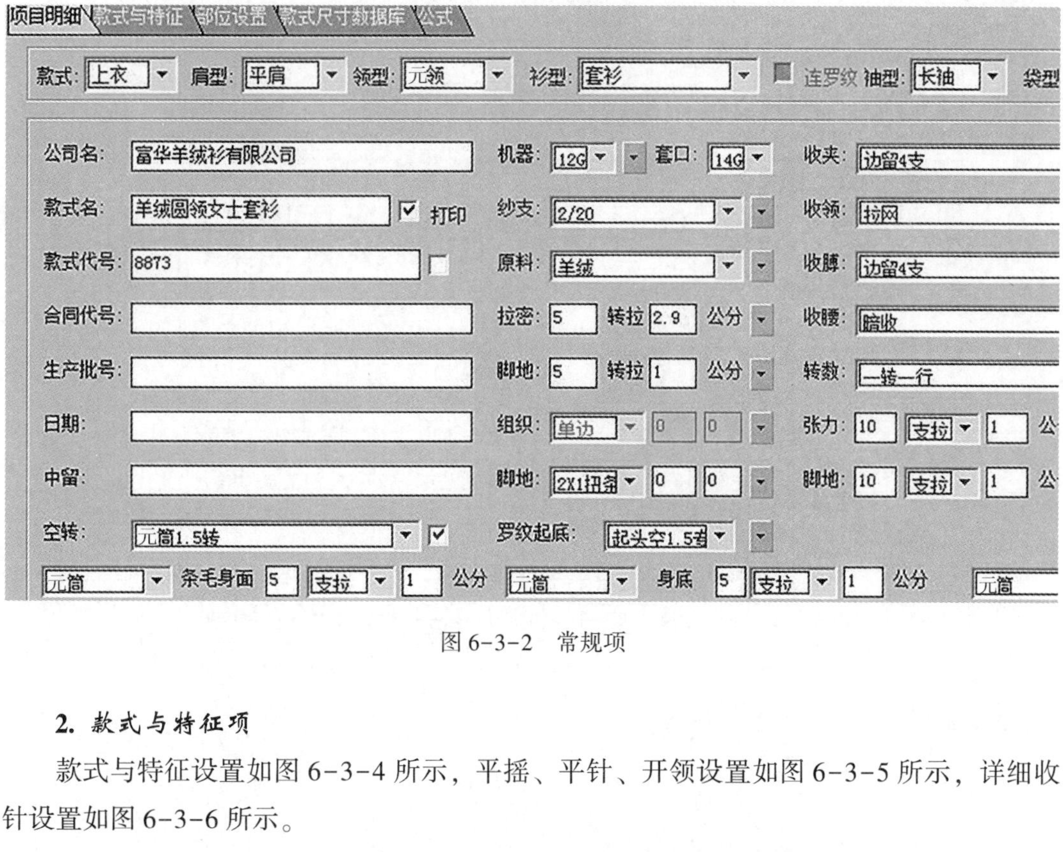

图 6-3-2　常规项

2. 款式与特征项

款式与特征设置如图 6-3-4 所示，平摇、平针、开领设置如图 6-3-5 所示，详细收针设置如图 6-3-6 所示。

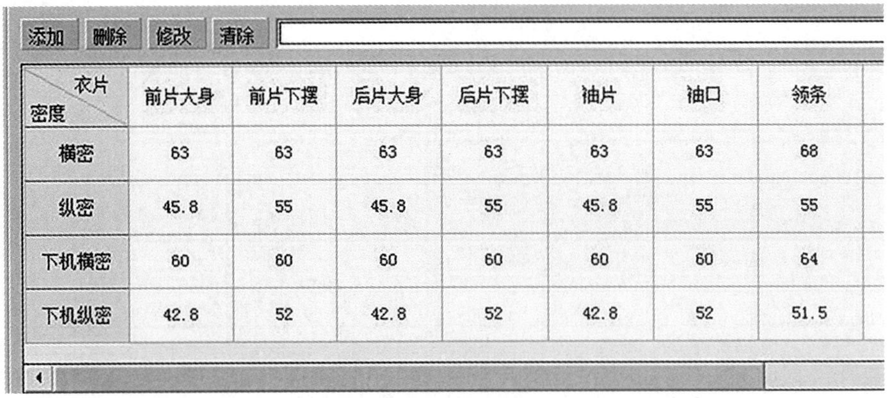

添加　删除　修改　清除

衣片 密度	前片大身	前片下摆	后片大身	后片下摆	袖片	袖口	领条
横密	63	63	63	63	63	63	68
纵密	45.8	55	45.8	55	45.8	55	55
下机横密	60	60	60	60	60	60	64
下机纵密	42.8	52	42.8	52	42.8	52	51.5

图 6-3-3　密度项

图 6-3-4　款式特征设置

图 6-3-5　平摇、平针、开领设置

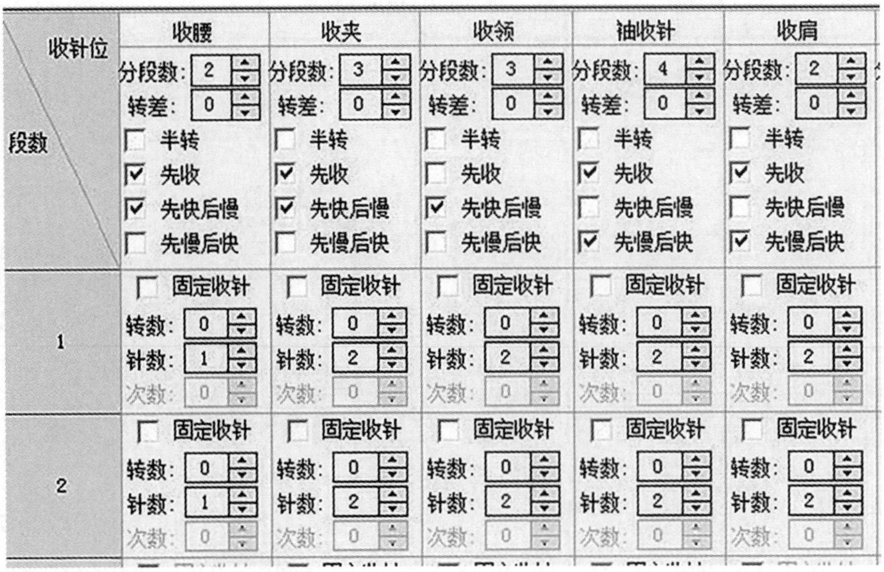

收针位 / 段数	收腰	收夹	收领	袖收针	收肩
（收针位）	分段数:2　转差:0 □半转 ☑先收 ☑先快后慢 □先慢后快	分段数:3　转差:0 □半转 ☑先收 ☑先快后慢 □先慢后快	分段数:3　转差:0 □半转 □先收 ☑先快后慢 □先慢后快	分段数:4　转差:0 □半转 ☑先收 □先快后慢 ☑先慢后快	分段数:2　转差:0 □半转 ☑先收 □先快后慢 ☑先慢后快
1	□固定收针 转数:0 针数:1 次数:0	□固定收针 转数:0 针数:2 次数:0	□固定收针 转数:0 针数:2 次数:0	□固定收针 转数:0 针数:2 次数:0	□固定收针 转数:0 针数:2 次数:0
2	□固定收针 转数:0 针数:1 次数:0	□固定收针 转数:0 针数:2 次数:0	□固定收针 转数:0 针数:2 次数:0	□固定收针 转数:0 针数:2 次数:0	□固定收针 转数:0 针数:2 次数:0

图 6-3-6　收针设置

3. 部位设置

如图6-3-7所示为部位设置内容，主要选择所做工艺需要参与计算的部位。传统款式毛衫各部位系统已经存在，不需要再进行设置。

图 6-3-7　部位设置

4. 款式尺寸数据库项

款式尺寸数据库项需设计人员输入具体部位在各个尺码时的尺寸及计算工艺时各个部位的修正值。尺寸内容项如图6-3-8所示，参数数据设置项如图6-3-9所示。

规格 部位(公分)	☑ 档差	◉ ■ ☑ 自定义1
1　胸宽*	0	48
2　衣长*	0	58
3　肩宽*	0	37
4　袖长	0	53
5　挂肩*	0	19
6　前挂肩收花高	0	8
7　后挂肩收花高	0	8
8　袖横阔	0	16
9　领宽	0	18
10　领深	0	7.5
11　后领深	0	2
12　领罗宽	0	4
13　前领中留	0	4.6
14　下摆高	0	7.5

参数 部位(公分)	参数
1　胸宽	2
2　后胸宽	0
3　缝耗	0
4　上胸围高	0
5　前上胸围宽	0
6　后上胸围宽	0
7　衣长	0.8
8　后衣长	0
9　肩宽	-0.5
10　后肩宽	-1
11　袖长	-1.5
12　挂肩	0
13　袖横阔	0
14　领宽	-3.24

图 6-3-8　尺寸内容项　　　　　　图 6-3-9　参数数据设置项

5. 生成衣片工艺图

以上几步输入完成后，点击工具条上【计算基码】 按钮，形成衣片工艺图界面，如图 6-3-10 所示。点击界面左侧各衣片名称，会对应显示其工艺操作图。

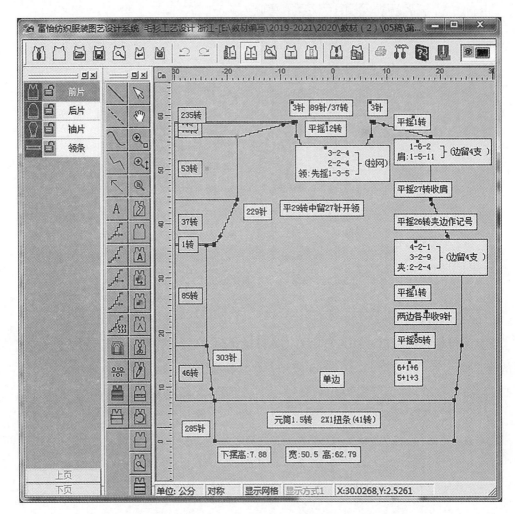

图 6-3-10　衣片工艺图界面

（四）产品工艺单调整

1. 收放针修改

如果需要对上述生成的工艺单收放针进行修改调整，则可以点击面板上的【收放针分配】 按钮，会出现如图 6-3-11 所示的收放针设置对话框。

在图中右边控制命令下，选中"详细收针"，则按设计人员的详细设置软件进行自动分配，反之则是根据用户习惯进行分配；选中"先收"，代表所计算的部位段先收开始，不选为先摇；选中"最优解"，软件在计算收针时自动筛选软件认为最满意的方案解供用户选择；"先慢后快"或"先快后慢"是针对收针方式整体的形状而言，如平肩款收夹为先快后慢，袖收针为先慢后快；转差除"半转收"时，"2"代表1转2行；段数需要用户设置，选中的部位段需要几段收针，如设置2段，段数应该设置为2，固定栏下显示"1"代表1段，"2"代表2段，之后针数栏输入第1段几针收，第2段几针收。

如需对前片挂肩收针段进行调整，点击【收放针分配】按钮，出现收放针分配对话框，然后选择挂肩收针段头尾两个方形控制点，当两个方点间的线段变成红色后，在收针分配中选择需要几段收针，如3段收，在段数位置设置成3，第1段1—2—2固定，因此固定项"1"打"√"，其余2段都为1针收，所以在"2、3"项针数统一设置为"2"后，点击求解按钮，在预览小窗口会计算出该部位段的多种收针方式，如图6-3-12所示，设计人员可根据自己的工艺经验选择最满意的收针方式，最后点击应用。

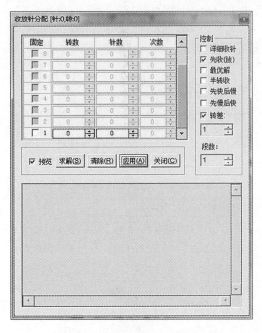

图6-3-11 收放针设置对话框

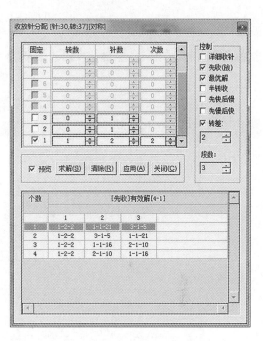

图6-3-12 收针方式设置

2. 工艺单修饰

各个衣片的收针方式调整完毕后，可以选择【选取】 工具将工艺单数据排列整齐，选择【文字】 工具可以对有些具体标注加上文字说明。对某些多余的标注，可以选中后直接按键盘上的"Delete"按钮进行删除。直接在标注处双击左键，出现工艺标注对话框（图6-3-13），在其"前缀"和"后缀"内容项输入需要修饰的文字后直接点确定即可。

3. 排针图设计

选择【排针】 按钮，出现排针编辑对话框（图6-3-14）。根据工艺要求将衣片部

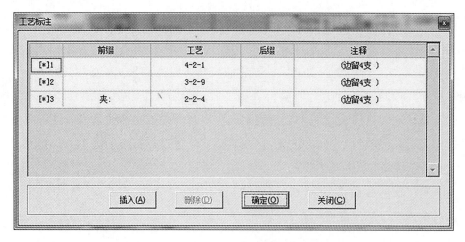

图 6-3-13　工艺标注对话框

位的织针排列出来，左键是实针，右键是空针，排完后点确定，放到需要的衣片位置。

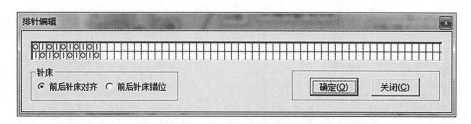

图 6-3-14　排针编辑对话框

通过收针分配、选取、标注、排针等面板工具的修饰后，各衣片操作工艺图如图 6-3-15 所示。

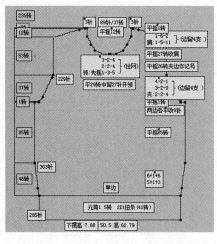

（1）前片

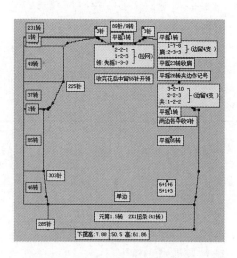

（2）后片

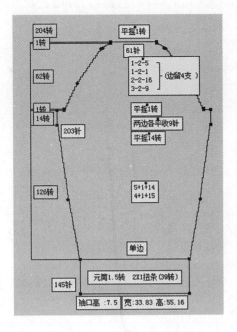

（3）袖片

（4）领条

图 6-3-15　衣片操作工艺图

　　一般来说，常规的款式并不需要做特意的修饰，只需要将工艺图数据排列整齐避免重叠遮挡即可，而排针、工艺说明则视具体情况而定。

（五）产品工艺单打印

1. 工艺单设置

　　在工艺单编辑状态下，选择菜单栏上的【设置】按钮，出现设置对话框（图 6-3-16），可以对工艺单进行设置。选择【工艺单编辑打印】按钮，出现工艺单排列效果图，点击衣片或者信息表格等，会出现红色虚线框，此时可以移动相应内容的位置，如图 6-3-17 所示，设计人员可以在款式备注处双击左键，出现红色虚框后，直接键入工艺制作要求等内容。

2. 工艺单打印

　　工艺单按照要求调整设置后，可以选择工具条上的【打印】按钮，对工艺单进行打印。最终打印的工艺单如图 6-3-18 所示。

图 6-3-16　设置对话框

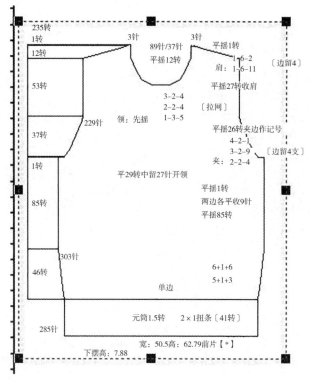

图 6-3-17　选择移动

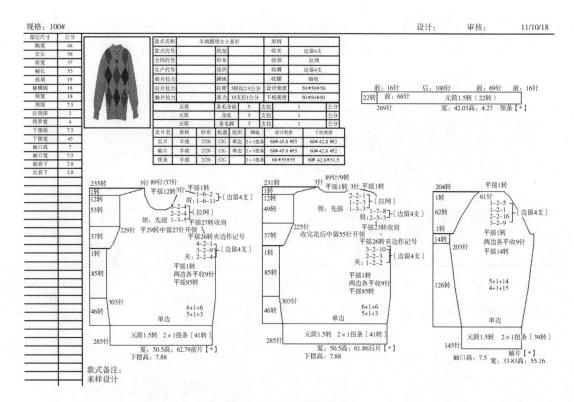

图 6-3-18　打印工艺单

二、V 领开衫工艺 CAD 设计

（一）产品款式及成品规格尺寸

本产品为 110#V领开衫，在 9 号机上，采用71.4tex×2（14 公支/2）驼绒纱进行编织。其丈量方法、规格尺寸见图 6-3-19 和表 6-3-3。

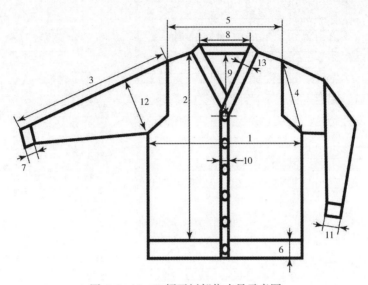

图 6-3-19　V 领开衫部位丈量示意图

表 6-3-3　成品规格尺寸表　　　　　　　　　（单位：cm）

编号	1	2	3	4	5	6	7	8	9	10	11	12	13
部位	胸宽	衣长	袖长	挂肩	肩宽	下摆罗纹	袖口罗纹	后领宽	领深	门襟宽	袖口宽	袖宽	领口罗纹
规格	55	70.5	57	23.5	43	5	5	17	27	3.2	13	20.5	3.2

（二）产品坯布组织及参数

该产品的组织结构、各部位密度，如表 6-3-4 所示。

表 6-3-4　坯布参数表

坯布组织			密度（横密：纵行/10cm；纵密：转/10cm）					
前片后片袖片	下摆袖口	门襟	成品密度			下机密度		
			身袖横/纵	下摆袖口纵	门襟横/纵	身袖横/纵	下摆袖口纵	门襟横/纵
纬平针	1+1	满针	42/33	43	44/40	42/30	42.5	43/40.5

（三）产品工艺单设计

1. 项目明细项

项目明细内容有常规项内容（图 6-3-20）和密度项内容（图 6-3-21）。

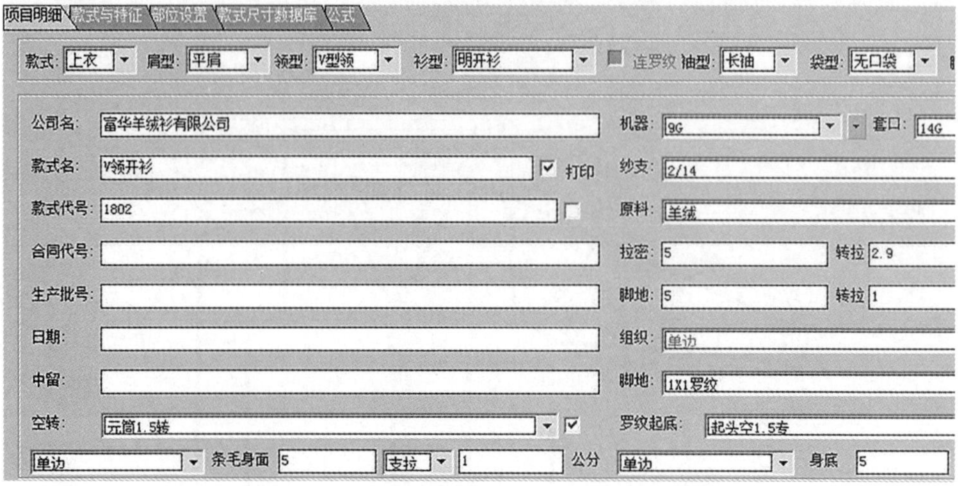

图 6-3-20　常规项

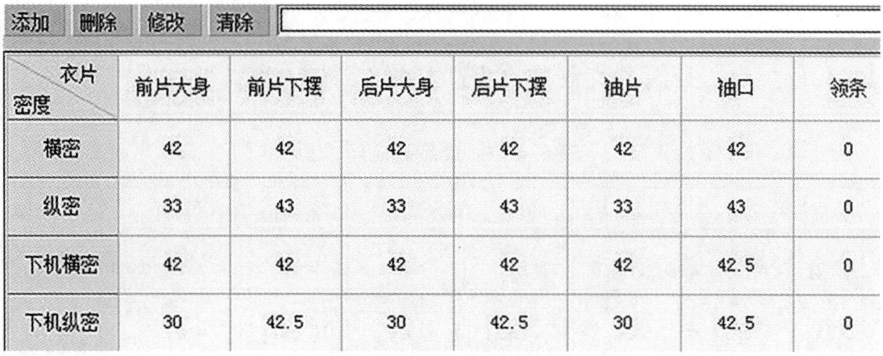

衣片 密度	前片大身	前片下摆	后片大身	后片下摆	袖片	袖口	领条
横密	42	42	42	42	42	42	0
纵密	33	43	33	43	33	43	0
下机横密	42	42	42	42	42	42.5	0
下机纵密	30	42.5	30	42.5	30	42.5	0

图 6-3-21　密度项

2. 款式与特征项

款式与特征设置如图 6-3-22 所示，平摇、平针、开领设置如图 6-3-23 所示，详细收针设置如图 6-3-24 所示。

图 6-3-22　款式与特征设置

图 6-3-23 平摇、平针、开领设置

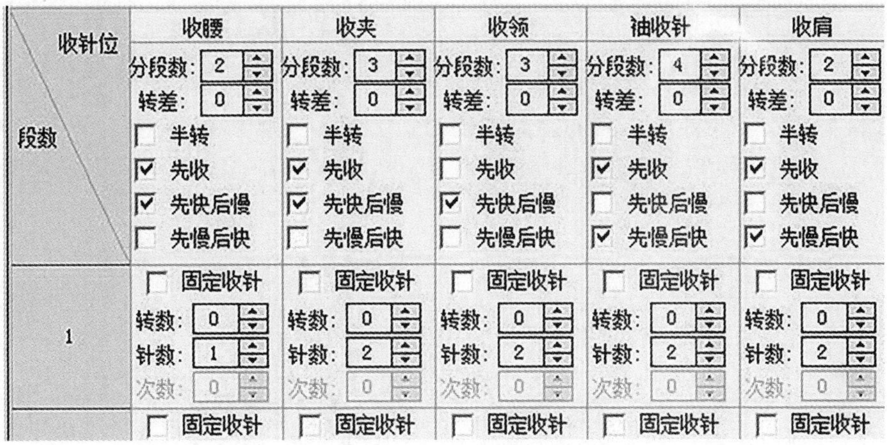

图 6-3-24 收针设置

3. 部位设置

如图 6-3-25 所示为部位设置内容。

图 6-3-25 部位设置

4. 款式尺寸数据库项

尺寸内容项如图 6-3-26 所示，参数数据设置项如图 6-3-27 所示。

图 6-3-26 尺寸内容项　　　图 6-3-27 参数数据设置项

5. 生成衣片工艺图

各衣片操作工艺图如图 6-3-28 所示。

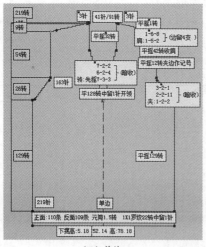

（1）前片

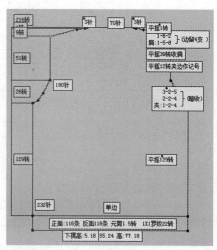

（2）后片

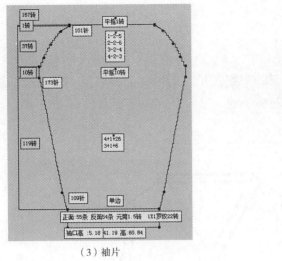

（3）袖片　　　　　　　　　　　（4）领条

图 6-3-28　衣片操作工艺图

（四）产品工艺单打印

打印的工艺单如图 6-3-29 所示。

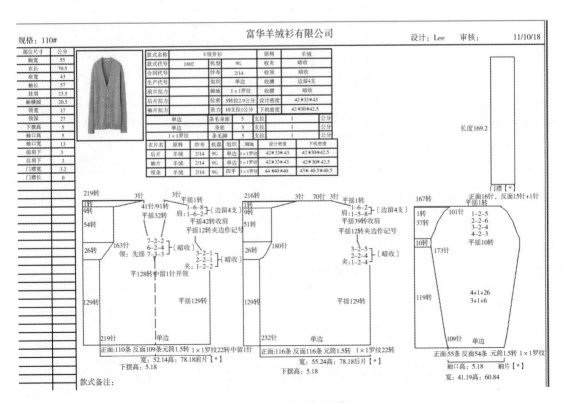

图 6-3-29　打印工艺单

三、V 领套头女背心工艺 CAD 设计

（一）产品款式及成品规格尺寸

本产品为 85#V 领套头女背心，在 12 号机上，采用 41.7tex×2 羊绒纱进行编织。其丈量方法、规格尺寸见图 6-3-30 和表 6-3-5。

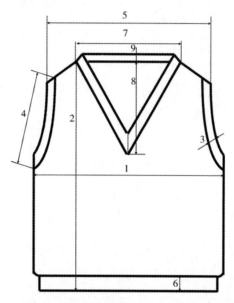

图 6-3-30　V 领套衫部位丈量示意图

表 6-3-5　V 领套背心规格表　　　　　（单位：cm）

代号	1	2	3	4	5	6	7	8	9
部位	胸宽	衣长	挂肩带宽	挂肩	肩宽	下摆高	领宽	领深	领高
规格	44	57	2	20	41.5	5	15	17	2

（二）产品坯布组织及参数

该产品的组织结构、各部位密度，如表 6-3-6 所示。

表 6-3-6　坯布参数表

坯布组织			（横密：纵行/10cm；纵密：转/10cm）					
前片 后片 袖片	下摆	挂肩带 领条	成品密度			下机密度		
			身袖 横/纵	下摆 纵	挂肩带 领条 横/纵	身袖 横/纵	下摆 纵	挂肩带 领条 横/纵
纬平针	2+2	平针双层	63/46	55	63/46	61/43.5	54	61/43.5

（三）产品工艺单设计

1. 项目明细项

项目明细内容有常规项内容（图 6-3-31）和密度项内容（图 6-3-32）。

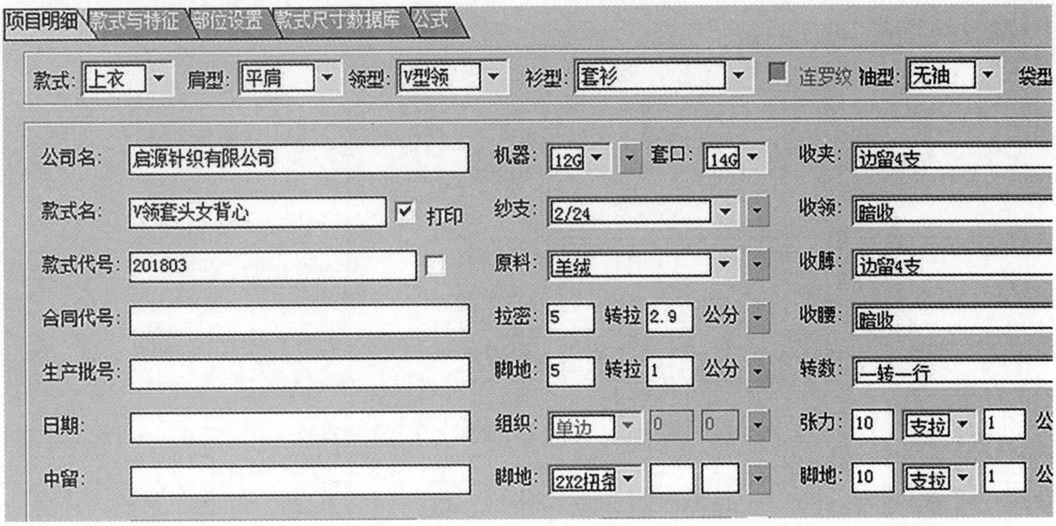

图 6-3-31　常规项

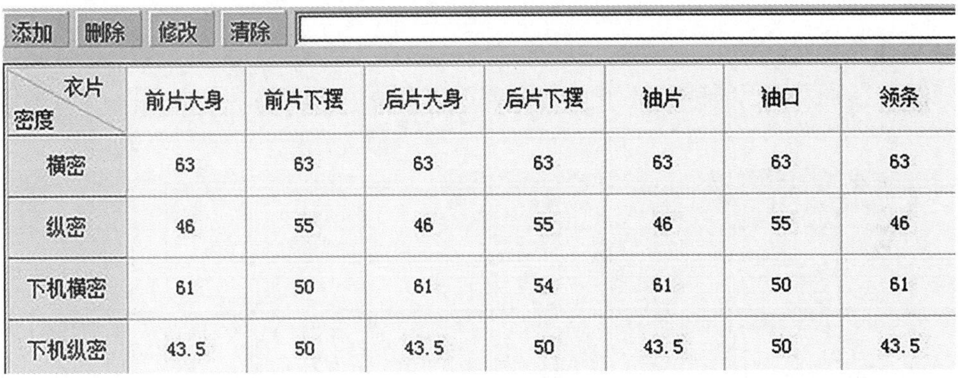

添加　删除　修改　清除

密度＼衣片	前片大身	前片下摆	后片大身	后片下摆	袖片	袖口	领条
横密	63	63	63	63	63	63	63
纵密	46	55	46	55	46	55	46
下机横密	61	50	61	54	61	50	61
下机纵密	43.5	50	43.5	50	43.5	50	43.5

图 6-3-32　密度项

2. 款式与特征项

款式与特征设置如图 6-3-33 所示，平摇、平针、开领设置如图 6-3-34 所示，详细收针设置如图 6-3-35 所示。

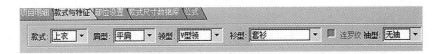

图 6-3-33　款式特征设置

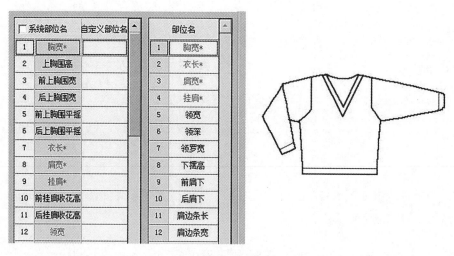

图 6-3-34 平摇、平针、开领设置

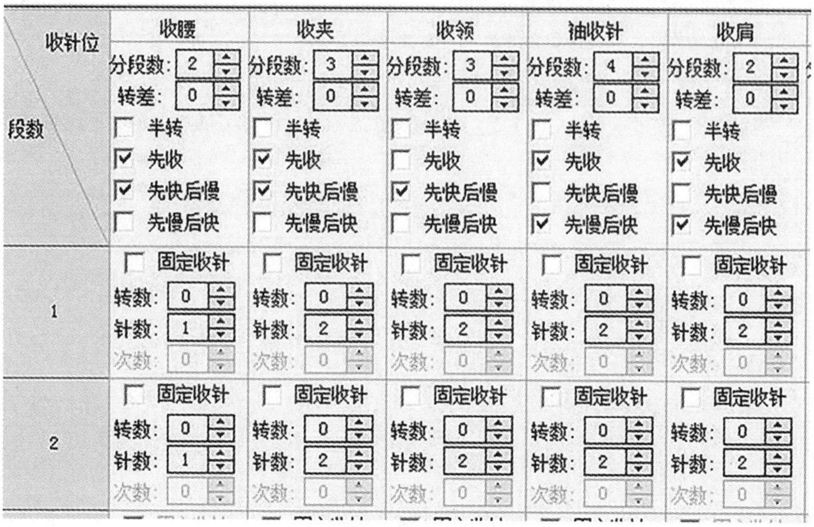

图 6-3-35 收针设置

3. 部位设置

如图 6-3-36 所示为部位设置内容,不需要再单独进行设置。

图 6-3-36 部位设置

4. 款式尺寸数据库项

尺寸内容项如图 6-3-37 所示,参数数据设置项如图 6-3-38 所示。

图 6-3-37 尺寸内容项　　　　图 6-3-38 参数数据设置项

5. 生成衣片工艺图

各衣片操作工艺图如图 6-3-39 所示。

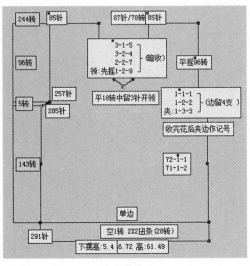

（1）前片

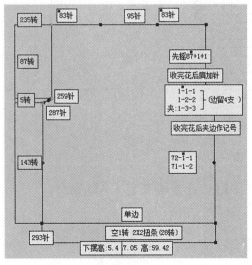

（2）后片

图 6-3-39 衣片操作工艺图

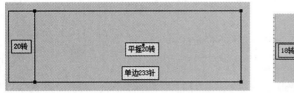

（3）挂肩带

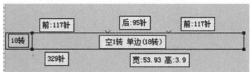

（4）领条

图 6-3-39　衣片操作工艺图（续）

(四) 产品工艺单打印

打印的工艺单如图 6-3-40 所示。

规格：自定义1【1/2】　　启源针织有限公司　　设计：Lee　审核：　11/11/18

部位尺寸	公分
胸宽	44
衣长	57
肩宽	41.5
挂肩	20
领宽	15
领深	17
领罗宽	4
下摆高	5
前肩下	0
后肩下	0

款式名称	V领套头女背心			原料	羊绒
款式代号	201803	机型	12G	收夹	边留4支
合同代号		纱布	2/24	收领	暗收
生产代号		组织	单边	收膊	边留4支
前片拉力		脚地	2×2扭条	收腰	暗收
后片拉力		拉密	5转拉2.9公分	设计密度	63*46*55
袖片拉力		张力	10支拉1公分	下机密度	61*43.5*50

单边	条毛身面	5	支拉	1	公分
单边	身底	5	支拉	1	公分
2×2扭条	条毛脚	5	支拉	1	公分

衣片名	原料	纱布	机器	组织	脚地	设计密度	下机密度
后片	羊绒	2/24	12G	单边	2×2扭条	63*46*55	61*43.5*50
领条	羊绒	2/24	12G	单边	2×2扭条	63*46*46	61*43.5*43.5
挂肩带	羊绒	2/24	12G	单边	2×2扭条	63*46*46	61*43.5*43.5

款式备注：

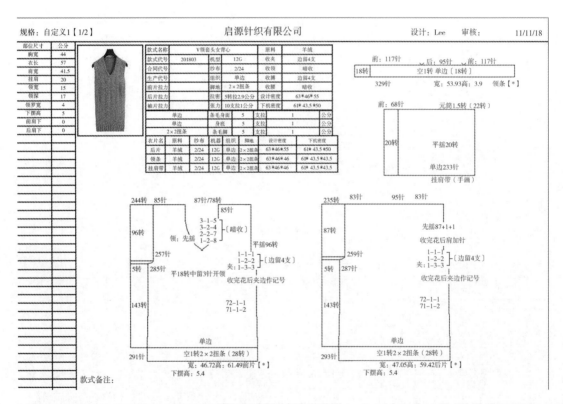

图 6-3-40　打印工艺单

四、直筒裙工艺 CAD 设计

(一) 产品款式及成品规格尺寸

本产品为 100cm 直筒裙，在 9 号机上，使用 48.4tex×2（20.5 公支/2）精纺毛纱进行编织。其丈量方法、规格尺寸见图 6-3-41 和表 6-3-7。

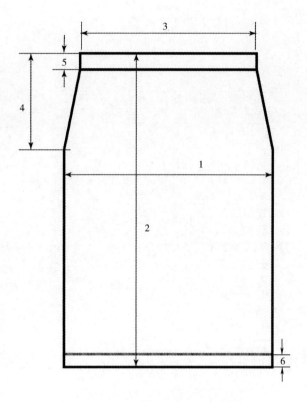

图 6-3-41　直筒裙部位丈量示意图

表 6-3-7　100cm 直筒裙成品规格 （单位：cm）

编号	1	2	3	4	5	6
部位	臀宽	裙长	腰宽	臀长	腰带宽	裙底边
规格	50	50	40	12	3	2

（二）产品坯布组织及参数

该产品的组织结构、各部位密度，如表 6-3-8 所示。

表 6-3-8　坯布参数表

坯布组织		密度（横密：纵行/10cm；纵密：转/10cm）			
		成品密度		下机密度	
裙身	腰罗纹	裙身 横/纵	腰罗纹 横/纵	裙身 横/纵	腰罗纹 横/纵
三平	1+1	45 / 57	47 / 43	45 / 56	45 / 41

（三）产品工艺单设计

1. 项目明细项

项目明细内容，如图 6-3-42 所示。

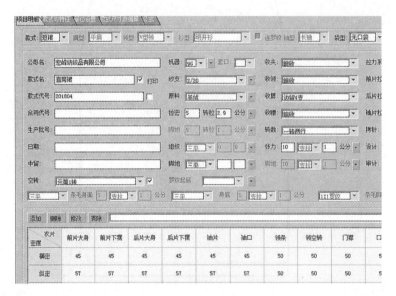

图 6-3-42　常规项

2. 款式与特征项

款式与特征设置如图 6-3-43 所示。

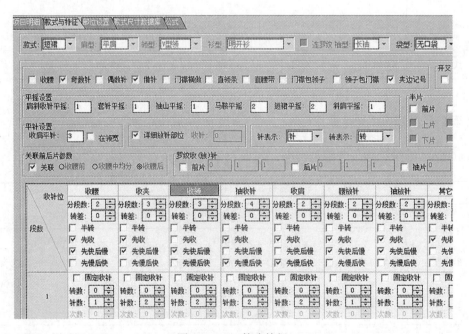

图 6-3-43　款式特征

3. 部位设置

如图 6-3-44 所示为部位设置内容。

图 6-3-44　部位设置

4. 款式尺寸数据库项

尺寸内容项如图 6-3-45 所示。

图 6-3-45　尺寸内容项

5. 生成衣片工艺图

各衣片操作工艺图如图 6-3-46 所示。

(四) 产品工艺单打印

打印的工艺单如图 6-3-47 所示。

图 6-3-46 衣片操作工艺图（修饰调整后）

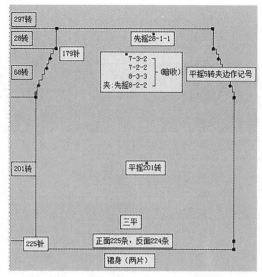

部位尺寸	公分
裙长	50
臀长	12
臀宽	50
裙底边	2
下摆宽	50
腰宽	40

款式名称		宜简裙			原料		羊绒
款式代号	201804		机型	9G	收夹		暗收
合同代号			纱布	2/20	收领		暗收
生产代号			组织	三平	收膊		边留4支
前片拉力			脚地	三平	收腰		暗收
后片拉力			拉密	5转拉2.9公分	设计密度		45＊57＊57
袖片拉力			张力	10支拉1公分	下机密度		45＊57＊57
三平			条毛身面	5	支拉		1	公分
三平			身底	5	支拉		1	公分
1×1罗纹			条毛脚	5	支拉		1	公分

衣片名	原料	纱支	机器	组织	脚地	设计密度	下机密度
后片	羊绒	2/20	9G	三平	三平	45＊57＊57	45＊57＊57

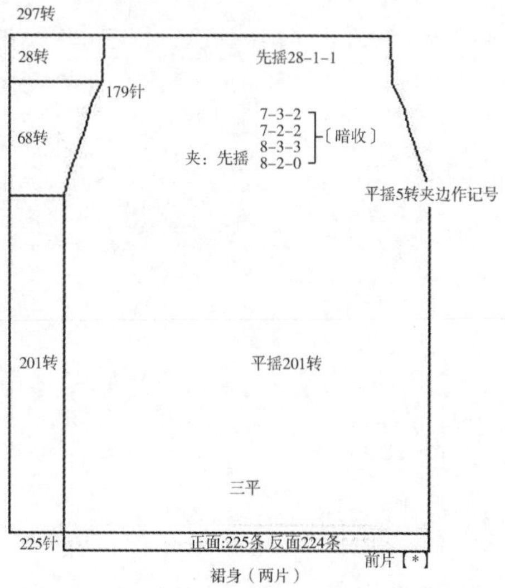

图 6-3-47 打印工艺单

第四节　琪利毛衫工艺 CAD 设计

一、圆领套衫工艺 CAD 设计

(一) 产品款式及成品规格尺寸

本产品为圆领斜肩女式套衫，在 9 号机上采用羊绒纱编织。其实物图片及规格尺寸见图 6-4-1 和表 6-4-1。

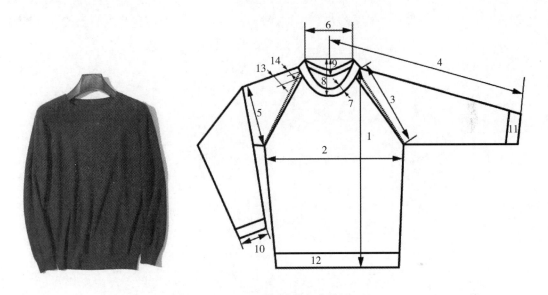

图 6-4-1　圆领斜肩女式套衫

表 6-4-1　成品规格尺寸表　　　　　　　　　　　　（单位：cm）

编号	1	2	3	4	5	6	7	8	9	10	11	12	13	14
部位	衣长	胸宽	挂肩斜	袖全长	袖宽	领宽	领高	前领深	后领深	袖口宽	袖口高	下摆高	前袖山宽	后袖山宽
规格	60	45	23	65	15	18	2	10	2	8.5	4	4	6	2.5

(二) 产品坯布组织及参数

该产品的组织结构和各部位密度，如表 6-4-2 所示。

表 6-4-2　坯布参数表

坯布组织		密度（横密：纵行/10cm；纵密：转/10cm）					
		成品密度			下机密度		
前片 后片 袖片	下摆 袖口 领条	身袖 横/纵	下摆 袖口 纵	领条 横/纵	身袖 横/纵	下摆 袖口 纵	领条 横/纵
纬平针	2+1 罗纹	57/42	55	62.7/55	57/42	55	62.7/55

（三）产品工艺单设计

打开软件，点击系统界面上端菜单栏中工艺模板项目，进入工艺设计界面，本款毛衫可以通过模板来进行设计，首先在模板中根据领型、肩型、款型等选择毛衫款式，然后输入毛衫尺寸，再设置毛衫各部位组织、密度等项目，最后产生工艺。

1. 款式设置

进入工艺模板界面后选择圆领-插肩袖-常规装-套衫款式，如图 6-4-2 所示。

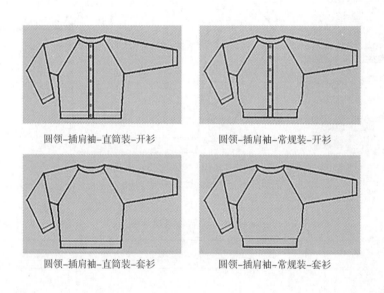

圆领-插肩袖-直筒装-开衫　　　　圆领-插肩袖-常规装-开衫

圆领-插肩袖-直筒装-套衫　　　　圆领-插肩袖-常规装-套衫

图 6-4-2　款式界面

2. 尺寸设置

如图 6-4-3 所示为尺寸界面。根据毛衫尺寸规格表输入衣长、胸围、袖长等新的尺寸内容。

3. 密度设置

如图 6-4-4 所示为密度设置界面。在此可以选择大身以及罗纹的组织，填写衣片的成品及下机横密和直密（纵密）。

部位	原尺寸	新尺寸
胸围	43	45
身长	58	60
挂肩	22	23
领宽	18	18
领高	2	2
下摆高	5	4
袖宽	14.5	15
袖口高	5	4
袖口宽	8	8.5
袖全长	63	65
挂肩平收	1	1
前袖山宽	5	6
后袖山宽	2	2.5
前领深	10	10
后领深	2	2

坯布	密度名	横密	直密	横密(下)
后片-大身	密度1	64.5	48	63

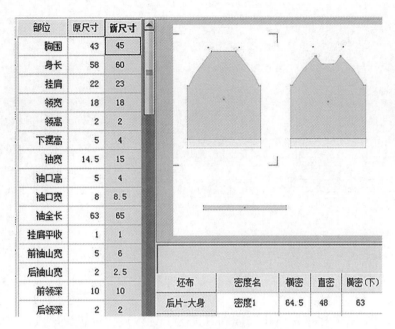

图 6-4-3 尺寸界面

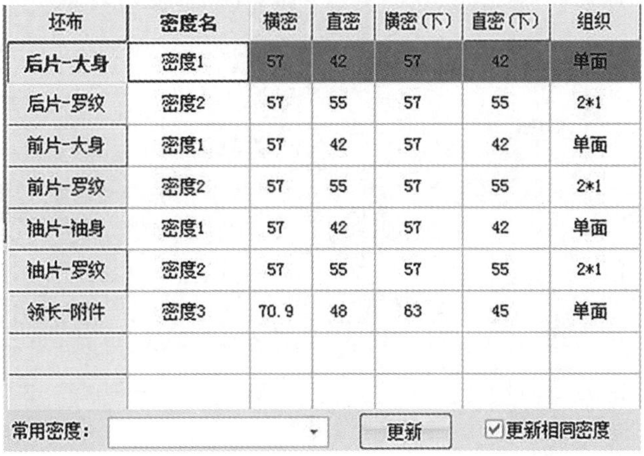

坯布	密度名	横密	直密	横密(下)	直密(下)	组织
后片-大身	密度1	57	42	57	42	单面
后片-罗纹	密度2	57	55	57	55	2*1
前片-大身	密度1	57	42	57	42	单面
前片-罗纹	密度2	57	55	57	55	2*1
袖片-袖身	密度1	57	42	57	42	单面
袖片-罗纹	密度2	57	55	57	55	2*1
领长-附件	密度3	70.9	48	63	45	单面

常用密度:
更新
更新相同密度

图 6-4-4 密度设置

4. 工艺单生成

选择款式、输入新的尺寸和密度，进行完其他设置后可以点击计算来生成工艺单，如图 6-4-5 所示为生成的工艺单，可以在此对工艺单进行微调，如果没有问题则可以保存此 KDS 文件。

(四) 产品工艺单打印

点击系统界面上端菜单栏中产品信息项目，可以输入公司名称、客户名称、货号、针号（机号）等基本信息。点击功能菜单栏中的打印工具，在弹出对话框中填写衣片的打印

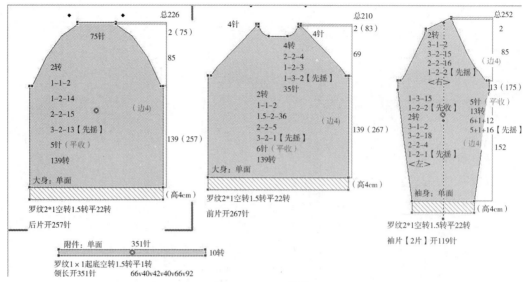

图 6-4-5 工艺单

信息及打印设置。成衣密度、下机密度和日期为自动生成，设置完毕点击打印即可（图 6-4-6）。

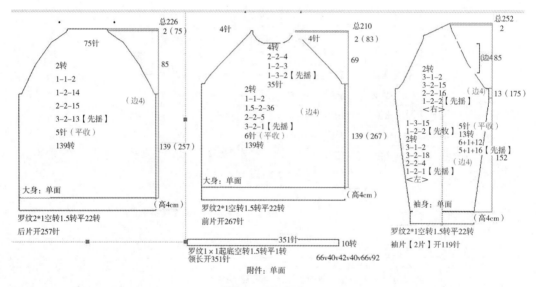

图 6-4-6 打印

二、圆领开衫工艺 CAD 设计

（一）产品款式及成品规格尺寸

本产品为圆领平肩女式开衫，在 12 号机上采用羊绒纱编织。其实物图片及规格尺寸见图 6-4-7 和表 6-4-3。

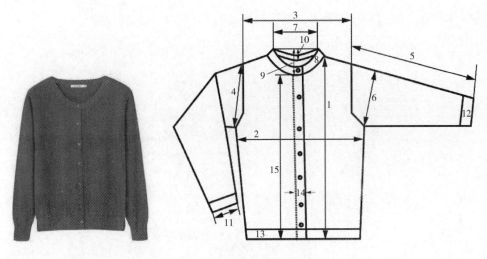

图6-4-7 圆领平肩女式开衫

表6-4-3 成品规格尺寸表 （单位：cm）

编号	1	2	3	4	5	6	7	8	9	10	11	12	13	14	15
部位	衣长	胸宽	肩宽	挂肩斜	袖长	袖宽	领宽	领高	前领深	后领深	袖口宽	袖口高	下摆高	门襟宽	门襟高
规格	59	44	33	21	57	15	19	1	10	2	9	5	5	1	49

备注：根据经验袖山高取15cm，袖山宽取8cm。

（二）产品坯布组织及参数

该产品的组织结构、各部位密度，如表6-4-4所示。

表6-4-4 坯布参数表

坯布组织		密度（横密：纵行/10cm；纵密：转/10cm）					
前片后片袖片	下摆袖口领条门襟	成品密度			下机密度		
		身袖横/纵	下摆袖口纵	领条横/纵	身袖横/纵	下摆袖口纵	领条门襟71横/纵
纬平针	1+1罗纹	64.5/48	58	71/58	63/45	54	69/54

（三）产品工艺单设计

点击功能工具栏上的常规款式工具 按钮后，进入常规款式设置界面，其中包含款式、尺寸、密度三个活动选项界面。

1. 款式设置

如图6-4-8所示为款式界面。每点选一个选项，图示框都会显示相对应的款式图。选择圆领-平收肩-常规装-开衫款式，勾选领子和门襟，并对其进行设置。

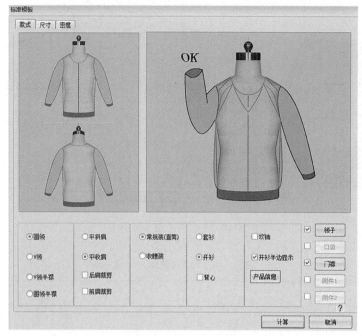

图 6-4-8 款式界面

2. 尺寸设置

如图 6-4-9 所示为尺寸界面。计算尺寸时填写，一般需要修改计算尺寸的部位有：肩宽、领宽、袖宽、袖长、袖口宽以及挂肩等。根据工艺经验或者参考尺寸填写即可。

名称	客户尺寸	计算尺寸	状态	修正值		名称	数值	默认	单位
身长	59		*			后胸围差	0		cm
胸围	44		*			前胸围差	1	★	cm
肩宽	33	33	*	后1.00;前1.00		后身长差	0		cm
领宽	19	19	*	后1.00;前1.00		前身长差	0		cm
领高	1		*			袖记号修正尺寸	0.64	★	cm
前胸宽						前挂肩平收差	0	★	cm
后背宽						后肩余针	0.5	★	
门襟高	1		*			前肩余针	0.5	★	
前胸高						后身套口平摇	1	★	转数
后胸高						前身套口平摇	1	★	转数
下摆宽						袖身套口平摇	0	★	转数
下摆高	5		*			后领平收	0	★	
肩斜	5		*			后领平摇	0	★	
挂肩(斜量)	21	21	*	1		前领平摇	0.35	★	
挂肩收补高	5.93		*			前领平收	3.8	★	
挂肩平收	1.66		选填			下袖平摇	3	★	
前领深	10	10	*	1		袖口平摇	0	★	
后领深	2	2	*	1					

图 6-4-9 尺寸界面

3. 密度设置

如图 6-4-10 所示为密度界面。每段坯布密度可单独修改；在组织列填写大身以及罗纹的组织、拉密、排针等；收放针设置表可根据自己的工艺经验先设置，也可以产生工艺后在工艺界面使用收放针工具设置。

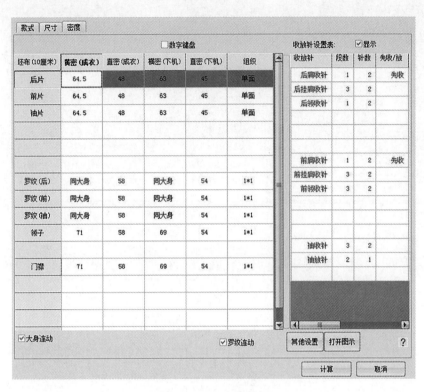

图 6-4-10　密度设置

4. 工艺单生成

选择款式、输入新的尺寸，在输入密度和进行完其他设置后可以点击计算来生成工艺单，如图 6-4-11 所示为生成的工艺单，可以在此对工艺单进行微调，如果没有问题则可以保存此 KDS 文件。

（四）产品工艺单打印

点击系统界面上端菜单栏中产品信息项目，可以输入公司名称、客户名称、货号、针号等基本信息。点击功能菜单栏中的打印工具，在弹出对话框中填写衣片的打印信息及打印设置。成衣密度、下机密度和日期为自动生成，设置完毕点击打印即可（图6-4-12）。

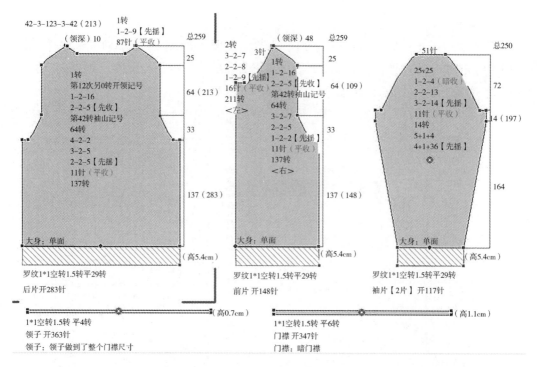

图 6-4-11　工艺单

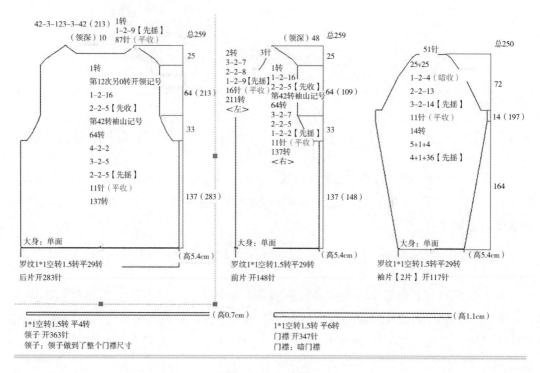

图 6-4-12　打印

三、半襟领套衫工艺 CAD 设计（马鞍肩）

（一）产品款式及成品规格尺寸

本产品为半襟领男式套衫，在 9 号机上采用羊绒纱编织。其实物图片及规格尺寸见图 6-4-13 和表 6-4-5。

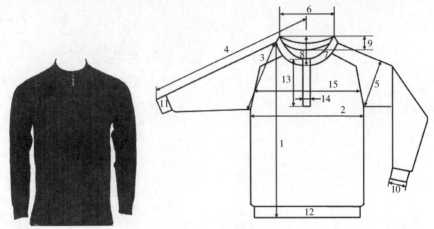

图 6-4-13 半襟领男式套衫

表 6-4-5 成品规格尺寸表 （单位：cm）

编号	1	2	3	4	5	6	7	8	9	10	11	12	13	14	15
部位	衣长	胸宽	挂肩斜	袖长	袖宽	领宽	领高	前领深	后领深	袖口宽	袖口高	下摆高	门襟深	门襟宽	前胸宽
规格	70.5	47	25	67.5	17	19	6	9	2	9	5	6	12	2	33

备注：根据经验前马鞍宽取 5cm，后马鞍宽取 2cm，袖山宽取 10cm，后背宽取 34cm。

（二）产品坯布组织及参数

该产品的组织结构、各部位密度，如表 6-4-6 所示。

表 6-4-6 坯布参数表

坯布组织		密度（横密：纵行/10cm；纵密：转/10cm）					
前片 后片 袖片	下摆 袖口 领条 门襟	成品密度			下机密度		
		身袖 横/纵	下摆 袖口 纵	领条 横/纵	身袖 横/纵	下摆 袖口 纵	领条 横/纵
纬平针	1+1 罗纹	57/42	55	62.7/55	57/42	55	62.7/55

（三）产品工艺单设计

打开软件，点击系统界面上端菜单栏中工艺模板项目，进入工艺设计界面，本款毛衫可以通过模板来进行设计，首先在模板中根据领型、肩型、款型等选择毛衫款式，然后输入毛衫尺寸，再设置毛衫各部位组织、密度等项目，最后产生工艺。

1. 款式设置

进入工艺模板界面后选择半襟领-马鞍肩-常规装-套衫款式，如图 6-4-14 所示。

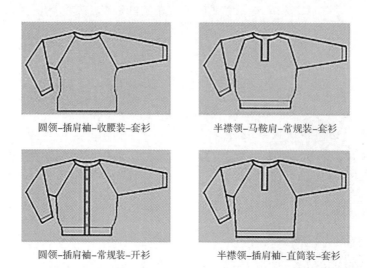

圆领-插肩袖-收腰装-套衫　　　　半襟领-马鞍肩-常规装-套衫

圆领-插肩袖-常规装-开衫　　　　半襟领-插肩袖-直筒装-套衫

图 6-4-14　款式界面

2. 尺寸设置

如图 6-4-15 所示为尺寸界面。根据毛衫尺寸规格表输入衣长、胸围、袖长等内容。

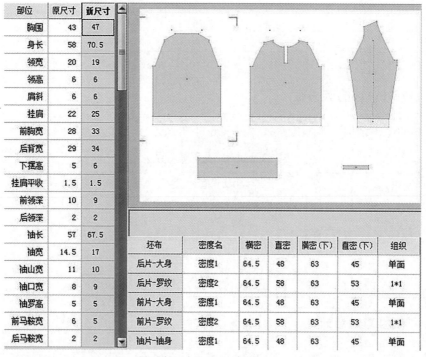

部位	原尺寸	新尺寸
胸围	43	47
身长	58	70.5
领宽	20	19
领高	6	6
肩斜	6	6
挂肩	22	25
前胸宽	28	33
后背宽	29	34
下摆高	5	6
挂肩平收	1.5	1.5
前领深	10	9
后领深	2	2
袖长	57	67.5
袖宽	14.5	17
袖山宽	11	10
袖口宽	8	9
袖罗高	5	5
前马鞍宽	6	5
后马鞍宽	2	2

坯布	密度名	横密	直密	横密(下)	直密(下)	组织
后片-大身	密度1	64.5	48	63	45	单面
后片-罗纹	密度2	64.5	58	63	53	1*1
前片-大身	密度1	64.5	48	63	45	单面
前片-罗纹	密度2	64.5	58	63	53	1*1
袖片-袖身	密度1	64.5	48	63	45	单面

图 6-4-15　尺寸界面

3. 密度设置

如图 6-4-16 所示为密度界面。在此可以选择大身以及罗纹的组织，填写衣片的成品及下机横密和直密。

坯布	密度名	横密	直密	横密（下）	直密（下）	组织
后片-大身	密度1	57	42	57	42	单面
后片-罗纹	密度2	57	55	57	55	1*1
前片-大身	密度1	57	42	57	42	单面
前片-罗纹	密度2	57	55	57	55	1*1
袖片-袖身	密度1	57	42	57	42	单面
袖片-罗纹	密度2	57	55	57	55	1*1
领子-附件	密度3	62.7	55	62.7	55	1*1
门襟-门襟	密度3	62.7	55	62.7	55	1*1

图 6-4-16 密度设置

4. 工艺单生成

选择款式、输入新的尺寸，在输入密度和进行完其他设置后，可以点击计算来生成工艺单，如图 6-4-17 所示为生成的工艺单，可以在此对工艺单进行微调，如果没有问题则可以保存此 KDS 文件。

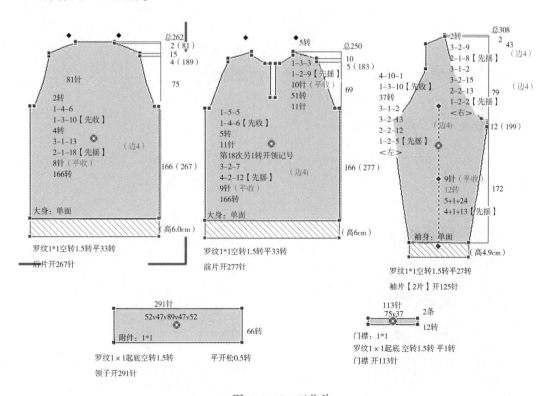

图 6-4-17 工艺单

(四) 产品工艺单打印

点击系统界面上端菜单栏中产品信息项目，可以输入公司名称、客户名称、货号、针号等基本信息。点击功能菜单栏中的打印工具，在弹出对话框中填写衣片的打印信息及打印设置。成衣密度、下机密度和日期为自动生成，设置完毕点击打印即可。如图 6-4-18 所示为前片和后片的打印单。

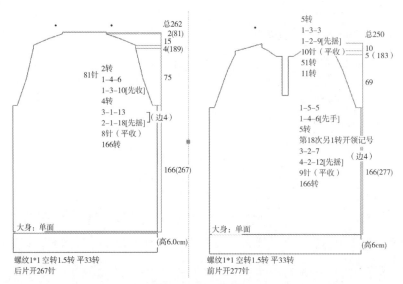

图 6-4-18　打印

四、V 领蝙蝠袖套衫工艺 CAD 设计（时装设计）

(一) 产品款式及成品规格尺寸

本产品为 V 领蝙蝠袖女式套衫，在 12 号机上采用羊绒纱编织。其实物图片及规格尺寸见图 6-4-19 和表 6-4-7。

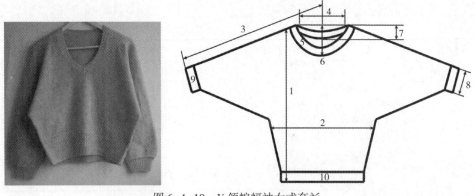

图 6-4-19　V 领蝙蝠袖女式套衫

表 6-4-7　成品规格尺寸表　　　　　　　　　　　　　　　　（单位：cm）

编号	1	2	3	4	5	6	7	8	9	10
部位	衣长	胸宽	袖长	领宽	领高	前领深	后领深	袖口宽	袖口高	下摆高
规格	58	50	57	22	1.5	9	2	9	5	10

备注：肩斜取 10cm。

（二）产品坯布组织及参数

该产品的组织结构、各部位密度，如表 6-4-8 所示。

表 6-4-8　坯布参数表

坯布组织		密度（横密：纵行/10cm；纵密：转/10cm）					
前片 后片 袖片	下摆 袖口 领条	成品密度			下机密度		
		身袖 横/纵	下摆 袖口 纵	领条 横/纵	身袖 横/纵	下摆 袖口 纵	领条 横/纵
纬平针	1+1 罗纹	57/42	57/55	62.7/55	57/42	57/55	62.7/55

（三）产品工艺单设计

本款羊毛衫不是传统的款式，毛衫主要由前后两片缝合而成，无法用常规款式工具进行设计。因此，可以用软件的时装设计功能来进行设计。下面介绍使用功能菜单栏里的增加衣片工具进行蝙蝠袖套衫设计的方法。

1. 产品信息输入

点击系统界面上端菜单栏中产品信息项目，可以输入公司名称、客户名称、货号、针号等基本信息。如图 6-4-20 所示为产品信息输入界面。

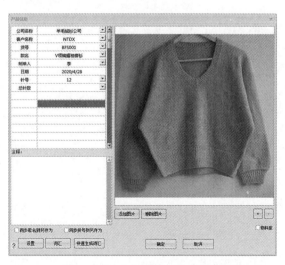

图 6-4-20　产品信息输入界面

2. 增加衣片

选择增加衣片工具，弹出新建衣片界面，选择蝙蝠衫-横向蝙蝠衫，如图 6-4-21 所示。勾选带部位、带公式，然后点击确定。

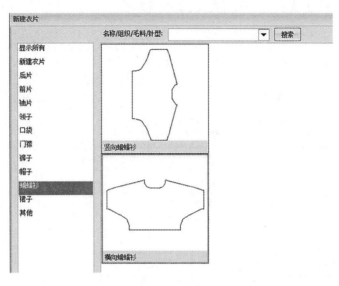

图 6-4-21　新建衣片

3. 尺寸设置

在新增衣片并进行选择和勾选相应选项后确定，弹出初始工艺单，可以进行尺寸的修改，如图 6-4-22 所示。根据表 6-4-8 增加、删除或者修改相应部位名称及尺寸。需要注意的是，此处袖口宽输入系统时取成品毛衫测量值的二分之一，因为一般常规毛衫袖片的袖口宽是成品毛衫袖口宽测量值的 2 倍，这也是系统默认的公式，而蝙蝠袖衣片袖口宽就是实际成品毛衫袖口宽测量值。

名称	尺寸	打印	英寸	市尺	原尺寸
胸围	50	50	19.69	1.5	50
袖长	57	57	22.44	1.71	57
袖罗高	5	5	1.97	0.15	20
领宽	22	22	8.66	0.66	22
身长	58	58	22.83	1.74	58
下摆高	10	10	3.94	0.3	10
肩斜	10	10	3.94	0.3	10
袖口宽	4.5	4.5	1.77	0.14	9
前领深	9	9	3.54	0.27	8
领高	1.5	1.5	0.59	0.04	0
后领深	2	2	0.79	0.06	0

图 6-4-22　尺寸界面

4. 坯布设置

双击界面中的衣坯，弹出坯布设置界面，如图 6-4-23 所示。根据表 6-4-8 设置坯布名称、坯布结构及成衣密度等内容。

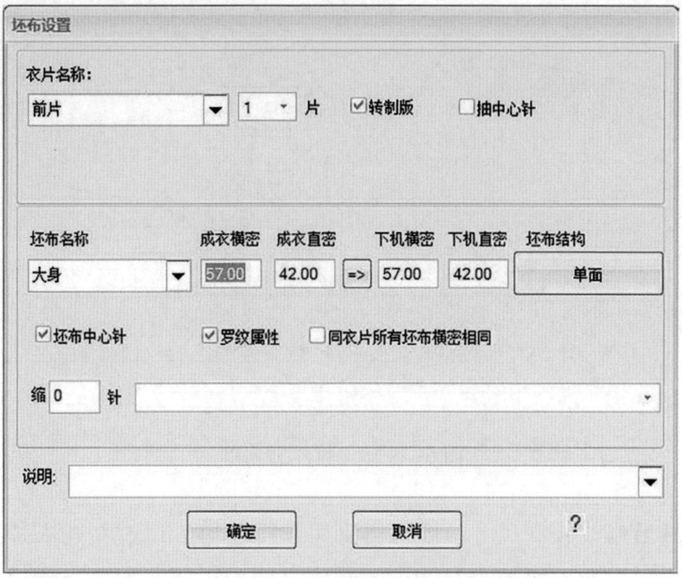

图 6-4-23　前片大身坯布设置界面

使用自由编辑将前片腰下平摇段拉长，并增加控制点，利用右键高度重新设置腰平摇尺寸（辅助尺寸）及下摆高尺寸公式。然后利用切割工具生成下摆坯布，双击下摆弹出坯布设置界面，对下摆的密度、组织等进行设置，如图 6-4-24 所示。

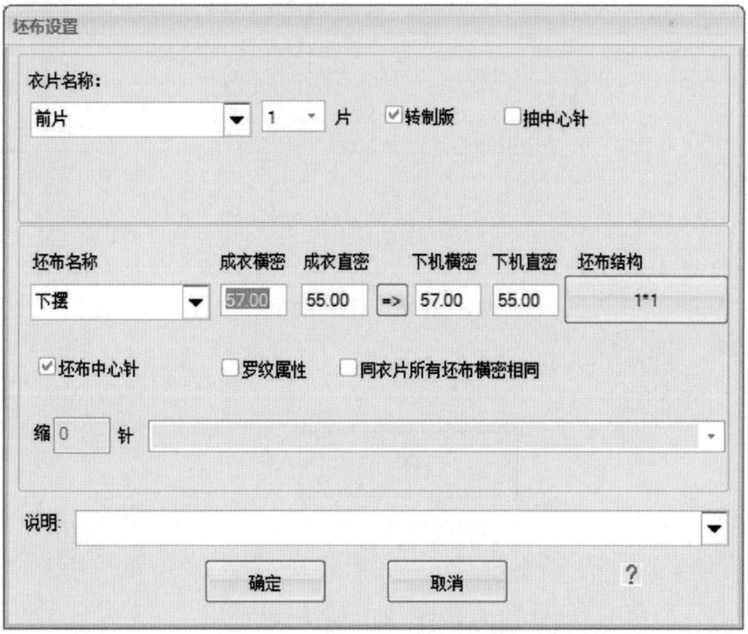

图 6-4-24　前片下摆坯布设置

5. 工艺单生成

在输入尺寸、并对衣坯相关信息进行设置后产生工艺，如图 6-4-25 所示为生成的前片工艺单，可以在此对工艺单进行微调，如果没有问题则可以保存此 KDS 文件。

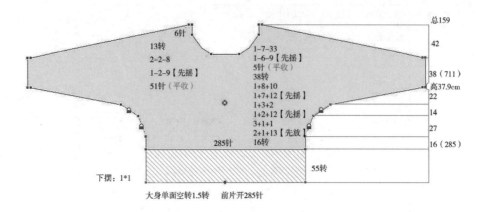

图 6-4-25　前片工艺单

复制前片，然后修改领深尺寸，即可得到后片工艺单。通过新建衣片再将袖口罗纹和领口罗纹制作出来，由此蝙蝠袖套衫的工艺制作完成。后片、袖口及领口罗纹工艺单如图 6-4-26~图 6-4-28 所示。

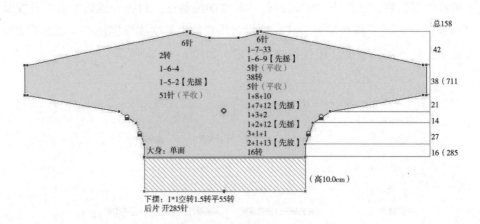

图 6-4-26　后片工艺单

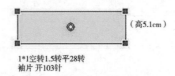

图 6-4-27　袖口罗纹工艺单

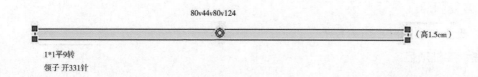

80v44v80v124

（高1.5cm）

1*1平9转
领子 开331针

图 6-4-28　领口罗纹工艺单

（四）产品工艺单打印

点击此打印工具，在弹出对话框中填写衣片的打印信息及打印设置。成衣密度、下机密度和日期为自动生成，设置完毕点击打印即可（图 6-4-29）。

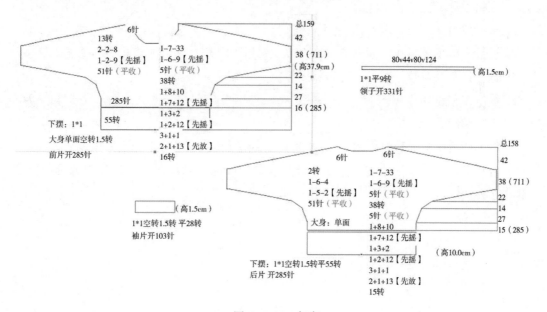

图 6-4-29　打印

实训项目：羊毛衫工艺设计与上机

一、实训目的
1. 主要训练理论联系实际的能力。
2. 训练羊毛衫上机工艺设计的能力。
3. 编织毛衫衣片，训练实际操作能力。

二、实训条件
1. 编织所需要的各种纱线。

2. 调试设备所用的扳手、螺丝刀、隔距量规、照密镜等。

3. 机械或电脑横机。

4. 天平、烘干机、强力仪等。

三、实训项目

1. 原料及组织设计。

2. 规格设计。

3. 工艺设计。

4. 上机编织。

5. 撰写报告。

四、操作步骤

1. 组织设计。用意匠图或者编织图表示。

2. 规格设计。

3. 选择原料。

4. 设计上机工艺参数。横密 P_A、纵密 P_B、线圈长度 l、平方米克重 Q 等参数。

5. 选择设备及参数。型号、针床宽度等。

6. 编织工艺设计。

7. 上机编织。

8. 检验织物实际参数。横密 P_A、纵密 P_B、线圈长度 l、平方米克重 Q 等参数。

9. 分析结果。与设计值进行对照，分析参数的异同，以及在织造过程中遇到的问题及解决方法。

第七章 羊毛衫制版设计

第一节 基本组织织物制版设计

一、纬平针组织织物制版设计

(一) 单面纬平针组织织物制版

1. 单面纬平针组织织物编织

纬平针组织在横机的单针床上进行编织，织针呈满针排列，既可以在前针床上编织，也可以在后针床上编织。其织物效果如图7-1-1所示。

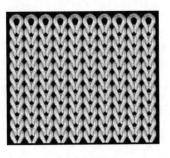 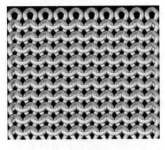

（1）正面 （2）反面

图7-1-1 纬平针组织织物效果图

2. 单面纬平针组织织物制版

（1）确定花宽花高：新建制版文件，确定制版图的绘制宽度（纵行）和高度（横列）均为10。

（2）确定针法色码：在软件系统界面下方的色码区选择绘制需要用到的色码，如果在横机前针床上编织，选择"1"号色码（前床编织，有连接），如果在后针床上编织选择"2"号色码（后床编织，有连接）。

（3）版图绘制方法：选择"矩形"工具（实心矩形）进行绘制，在绘图区点击鼠标"左键"，松开鼠标后移动鼠标，在鼠标右下角会出现提示框，显示绘制花型的花高与花宽值。当显示的高和宽均为10时再次按下鼠标，完成10横列10纵行纬平针制版图的绘制。图7-1-2为纬平针组织织物的制版图。

（4）编译参数设置：纬平针组织织物编织动作简单，可以设置使用一把纱嘴编织。其他参数可以使用系统默认值，也可以根据实际情况进行调整。一般起头橡筋线用 8 号纱嘴，废纱用 1 号纱嘴。其他基本组织与此类似。

（1）前床编织

（2）后床编织

图 7-1-2　纬平针组织织物的制版图

（二）圆筒纬平针组织织物制版

1. 圆筒纬平针组织织物编织

圆筒纬平针组织织物在横机的双针床上编织，前、后针床上均呈满针排列，针齿相对（针床相错）。在编织时，为了使织物的密度均匀，度目值要求一致，可以比单面纬平针组织织物的密度稍小些，以便于编织。双层纬平针织物对前、后针床的间隙（隙口、针床开口宽度）配置要求严格，间隙过大或过小，会使双层纬平针织物相对的两端边缘纵向纹路明显不同，因此必须使针床间隙口尺寸与针床的针距相等。

图 7-1-3　圆筒纬平针组织织物效果图

编织双层纬平针织物时，机头（单系统）移动一个来回，即一转，编织一个横列。机头自左向右移动，这时前针床织针不起针，后针床织针起针、成圈，在后针床织成一个横列的平针线圈；机头自右向左移动，这时后针床织针不起针，前针床织针起针、成圈，在前针床织成一个横列的平针线圈。如此反复便可编织出圆筒纬平针织物。其织物效果如图 7-1-3 所示。

2. 圆筒纬平针组织织物制版

（1）确定花宽花高：新建制版文件，确定制版图的绘制宽度（纵行）和高度（横列）均为 10。

（2）确定针法色码：在软件系统界面下方的色码区选择绘制色码，在横机前针床上编织，选择"8"号色码（前针床编织，无连接），在后针床上编织选择"9"号色码（后针床编织，无连接）。

（3）版图绘制方法：选择【直线】工具进行绘制。首先绘制一行前针床编织，选择"8"号色码，选择起点并点击鼠标"左键"，松开鼠标后沿水平方向移动鼠标，在鼠标右下角会出现提示框，显示绘制花型的花高与花宽值，当显示的宽度为10时再次按下鼠标，完成第一横列的绘制；接下来绘制一行后针床编织，选择"9"号色码，选择起点并点击鼠标"左键"，松开鼠标后沿水平方向移动鼠标，当显示的宽度为10时再次按下鼠标，完成第二行的绘制；然后再用"8"号色码绘制第三行，依次交替完成10行10列的圆筒纬平针制版图的绘制。

图7-1-4为圆筒纬平针组织织物的制版图。

图7-1-4 圆筒纬平针组织织物制版图

二、罗纹组织织物制版设计

（一）满针罗纹组织织物制版

1. 满针罗纹组织织物编织

满针罗纹组织也称为四平组织，织物在横机的双针床上编织，前、后针床上均呈满针排列，针齿相对（针床相错），各成圈三角弯纱深度一致，所有织针都参加编织。后针床比前针床多排一针，称为底包一支；前针床比后针床多排一针，称为面包一支。

满针罗纹组织织物（面包一支）的效果如图7-1-5所示。

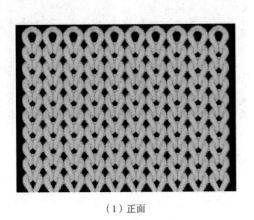
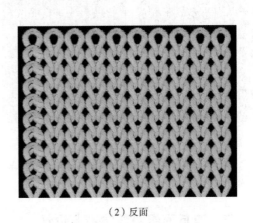

（1）正面　　　　　　　　　　　　　（2）反面

图7-1-5 满针罗纹组织织物效果图

2. 满针罗纹组织织物制版

（1）确定花宽花高：新建制版文件，确定制版图的绘制宽度和高度，在此取10纵行、9横列。

（2）确定针法色码：在软件系统界面下方的色码区选择绘制色码，满针罗纹编织选择"10"号色码（前后针床编织，无连接），底包面的一针选择"9"号色码（后针床编织，无连接），面包底的一针选择"8"号色码（前针床编织，无连接）。

（3）版图绘制方法：选择【矩形】工具进行绘制。首先选择"10"号色码，绘制出10纵行、9横列的矩形块，然后再用"9"号或者"8"号色码绘制一个反面或者正面纵行，完成满针罗纹制版图的绘制。图7-1-6为满针罗纹组织织物的制版图。

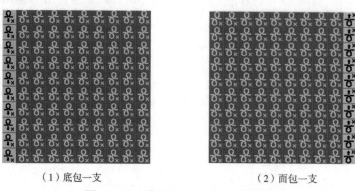

（1）底包一支　　　　　　　（2）面包一支

图7-1-6　满针罗纹组织织物制版图

（二）其他罗纹组织的制版图

其他罗纹组织的编织方法及制版图绘制方法与满针罗纹相似，图7-1-7是常用罗纹组织织物的制版图。

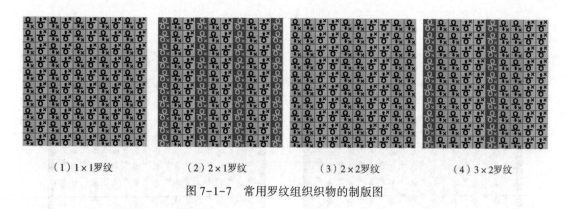

（1）1×1罗纹　　　　（2）2×1罗纹　　　　（3）2×2罗纹　　　　（4）3×2罗纹

图7-1-7　常用罗纹组织织物的制版图

三、双反面组织织物制版设计

（一）正反面织物制版

1. 正反面织物编织

正反面织物是先在一个针床上编织一个或多个横列的纬平针，再翻针到另一个针床上编织一个或多个横列的纬平针。如此重复多次编织，结合前后针床移圈，便可编织出正反面织物。

正反面织物的效果如图 7-1-8 所示。

2. 正反面织物制版

（1）确定花宽花高：新建制版文件，确定制版图的绘制宽度和高度，正面线圈横列和反面线圈横列都取 5 个，10 个横列、10 个纵行为一个完全组织。

（2）确定针法色码：在软件系统界面下方的色码区选择绘制色码，正面线圈横列编织选择"1"号色码（前针床编织，有连接），反面线圈横列编织选择"2"号色码（后针床编织，有连接）。

（3）版图绘制方法：选择【矩形】工具进行绘制。首先选择"1"号色码，绘制出 5 横列 10 纵行的矩形块，然后再用"2"号绘制 5 横列 10 纵行的矩形块，完成正反面织物制版图的绘制。图 7-1-9 为正反面织物的制版图。

图 7-1-8 正反面织物的效果图

图 7-1-9 正反面织物的制版图

（二）其他双反面组织织物的制版图

1. 令士织物制版图

令士是在横机的双针床上进行平针编织而形成的一种织物。针床相对配置，在编织过程中，一边编织一边将一个针床上织针针钩里的线圈有规律地转移到对面针床的织针上，使得正反面线圈呈现出方格形、菱形、圆形等外观特点。

如图 7-1-10 所示为方形令士织物的效果图及制版图，图 7-1-11 为菱形令士织物的效果图及制版图，图 7-1-12 为圆形令士织物的效果图及制版图。

2. 桂花织物制版图

单桂花织物和双桂花织物都是在前后针床上进行正反面编织而形成的织物。在编织过

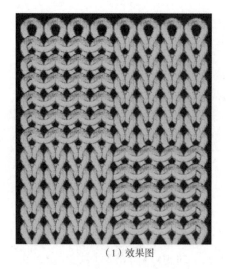

（1）效果图　　　　　　　　　　（2）制版图

图 7-1-10　方形令士织物

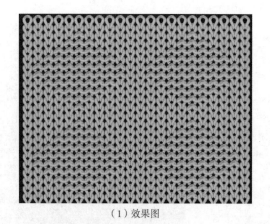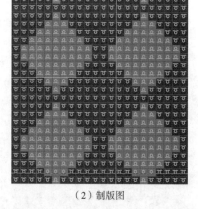

（1）效果图　　　　　　　　　　（2）制版图

图 7-1-11　菱形令士织物

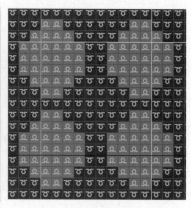

（1）效果图　　　　　　　　　　（2）制版图

图 7-1-12　圆形令士织物

程中，一边编织一边将一个针床上的织针针钩里的线圈一隔一地转移到对面针床的织针针钩里，使得正反面线圈呈现出桂花几何外观的特点。单桂花是每编织一个横列，前后针床织针的线圈互移；双桂花是每编织两个横列，前后针床织针的线圈互移。

如图 7-1-13 所示为单桂花织物的效果图及制版图，图 7-1-14 为双桂花织物的效果图及制版图。

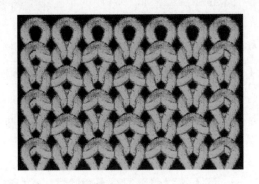

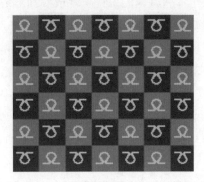

（1）效果图 　　　　　　　　　　　　　　（2）制版图

图 7-1-13　单桂花织物

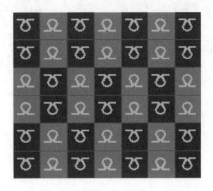

（1）效果图 　　　　　　　　　　　　　　（2）制版图

图 7-1-14　双桂花织物

第二节　花式组织织物制版设计

一、集圈组织织物制版设计

在针织物的某些线圈上，除套有一个封闭的旧线圈外，还有一个或几个悬弧，这种组织称为集圈组织，由这种组织编织成的织物称为集圈织物。依据形成集圈的方法不同，集圈又分畦编和胖花。畦编有半畦编、全畦编两种。在此介绍畦编组织的制版。

（一）半畦编组织织物的制版

1. 半畦编组织织物的编织

横机上编织半畦织物是以罗纹组织为基础，一个针床上工作的织针在某些横列集圈，另一个针床工作的织针正常成圈而形成。依据含有的悬弧数不同，常用的半畦编有两种形式：珠地和菠萝花。

珠地，又称为单元宝、单鱼鳞，俗称半转打花半转平，即在机器的一个针床上编织半转集圈，再编织半转平针，而在另一个针床上的织针始终成圈，依此循环编织得到珠地织物。图 7-2-1 所示为珠地织物的效果图。

菠萝花俗称一转打花一转平，即编织一转集圈再编织一转罗纹，重复循环编织而成。如图 7-2-2 所示为菠萝花织物的效果图。

图 7-2-1　珠地织物的效果图

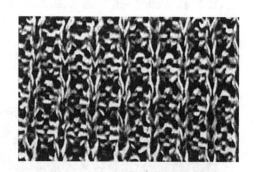

图 7-2-2　菠萝花织物的效果图

2. 半畦编组织织物制版

（1）确定花宽花高：新建制版文件，确定制版图的绘制宽度和高度，在此绘制 10 纵行 10 横列花型。

（2）确定针法色码：在软件系统界面下方的色码区，选择绘制色码，前针床编织线圈选择"8"号色码（前针床编织，无连接），后针床编织成圈选择"9"号色码（后针床编织，无连接），后针床集圈选择"5"号色码（后吊目），在制版系统的色码表中将集圈称为吊目。

（3）制版图绘制方法：珠地制版图绘制，选择【点】工具，使用"8"号和"9"号色码绘制第一横列罗纹；然后使用"8"号和"5"号色码绘制第二横列，即前针床成圈后针床集圈；再利用【平面复制】工具圈选第一横列和第二横列，在选区单击鼠标，拖动鼠标完成确定宽度和高度的制版图绘制。菠萝花制版图绘制方法与珠地相似。

如图 7-2-3 和图 7-2-4 所示分别为珠地和菠萝花织物的制版图。

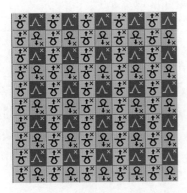
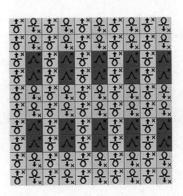

图 7-2-3 珠地织物的制版图　　图 7-2-4 菠萝花织物的制版图

（二）全畦编组织织物的制版

1. 全畦编组织织物的编织

全畦编组织是在罗纹组织的基础上，由前针床和后针床轮流进行成圈编织和集圈编织而形成，通常也称为柳条、双鱼鳞、双元宝。全畦编织物的效果如图 7-2-5 所示。

2. 全畦编组织织物的制版

（1）确定花宽花高：新建制版文件，确定制版图的绘制宽度和高度，在此绘制 10 纵行 10 横列花型。

（2）确定针法色码：在软件系统界面下方的色码区，选择绘制色码，前床编织线圈选择"8"号色码（前针床编织，无连接），前针床集圈选择"4"号色码（前吊目）；后针床编织成圈选择"9"号色码（后针床编织，无连接），后针床集圈选择"5"号色码（后吊目）。

（3）制版图绘制方法：选择【点】工具，使用"8"号和"5"号色码在绘图区绘制出第一行，即前针床成圈后针床集圈；然后使用"4"号和"9"号色码绘制第二行，即前针床集圈后针床成圈；再利用【平面复制】工具圈选第一行和第二行，在选区单击鼠标，拖动鼠标完成确定宽度和高度的制版图绘制。

如图 7-2-6 所示为全畦编织物的制版图。

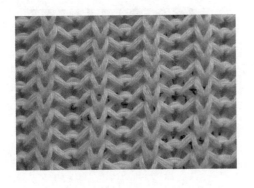
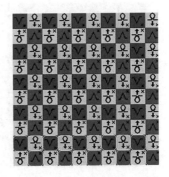

图 7-2-5 全畦编织物的效果图　　图 7-2-6 全畦编织物的制版图

二、移圈组织织物制版设计

移圈组织有单面和双面之分，通过在不同的组织上移圈可以在织物表面产生孔眼、凹凸、波浪等不同的肌理效果。电脑横机的花型准备系统中储存了多种移圈的模块，包括挑孔、绞花等。可以运用这些模块进行快速地设计各种花型，也可以利用基本的移圈动作、翻针动作来设计全新的花型。

（一）挑孔花型制版

1. 挑孔色码

挑孔就是根据花纹要求，将某些针上的线圈移到相邻针上，使被移圈处形成孔眼效应。一般前针床常用的挑孔色码为"61"（前针床编织，翻针至后针床，且翻针至前，左移一针），"71"（前针床编织，翻针至后针床，且翻针至前，右移一针）；后床常用的挑孔色码为"81"（后针床编织，翻针至前针床，且翻针至后，左移一针），"91"（后针床编织，翻针至前针床，且翻针至后，右移一针）。

如图 7-2-7 所示为"61"号色码的制版图及与其相对应的效果图。如图 7-2-8 所示为"71"号色码的制版图及与其相对应的效果图。

（1）制版图

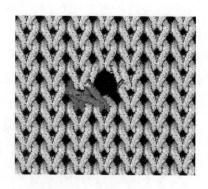
（2）效果图

图 7-2-7　挑孔 61 号色码制版效果

（1）制版图

（2）效果图

图 7-2-8　挑孔 71 号色码制版效果

　　如图 7-2-9 所示为 "62" 号色码的制版图及与其相对应的效果图。如图 7-2-10 所示为 "72" 号色码的制版图及与其相对应的效果图。

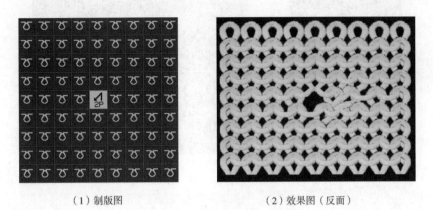

| （1）制版图 | （2）效果图（反面） |

图 7-2-9　挑孔 62 号色码制版效果

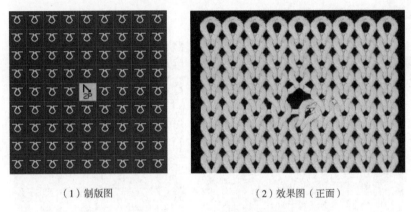

| （1）制版图 | （2）效果图（正面） |

图 7-2-10　挑孔 72 号色码制版效果

2. 制版实例

　　（1）确定花宽花高：花型图案如图 7-2-12（1）所示，确定花型宽度为 19 纵行，高度为 31 横列。

　　（2）确定针法色码：在软件系统界面下方的色码区，选择绘制色码。使用 "61" 号或者 "71" 号色码进行挑孔绘制，基本组织使用 "1" 号色码绘制。

　　（3）制版图绘制方法：

　　①选择【矩形】工具，使用 "1" 号色码绘制矩形，宽为 19 纵行，高为 31 横列。

　　②左上部分挑孔图案的绘制：选择【直线】工具，使用 "61" 号色码在第二行第九列处绘制一针挑孔，并以此为起点，沿左下方隔行绘制挑孔，挑孔针数依次向左增加一针，共计绘制八个挑孔横列，如图 7-2-11（1）所示。

　　③利用【圈选】工具，圈选左上部分挑孔图案，并利用 "镜像复制" 工具，完成右上部分挑孔图案的绘制，如图 7-2-11（2）所示。

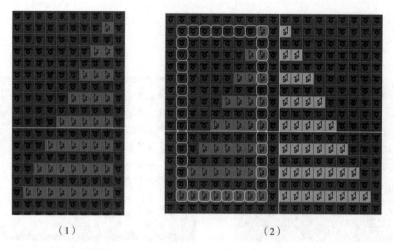

（1）　　　　　　　　　　　　　　（2）

图 7-2-11　挑孔织物绘制版图过程图

④利用【圈选】工具，圈选上半部分挑孔图案，并利用【镜像复制】工具和【换色】工具，完成下半部分挑孔图案的绘制。图 7-2-12（2）为最终制版图。

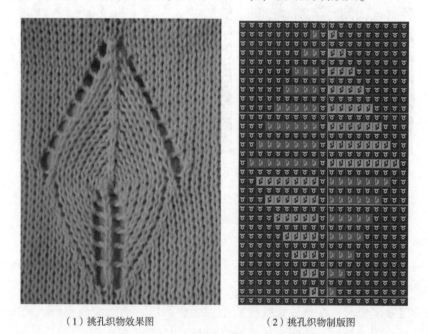

（1）挑孔织物效果图　　　　　　　（2）挑孔织物制版图

图 7-2-12　挑孔织物效果图及制版图

（二）绞花花型制版

将两组相邻纵行的线圈相互交换位置，就可以形成绞花效应，俗称拧麻花，也称为扭绳。根据相互移位线圈纵行数的不同，可以编织 1×1 绞花、2×2 绞花、3×3 绞花等。

1. 索股色码及制版

索股色码都为移圈交叉编织动作，主要用于绞花花型和阿兰花的绘制。索股色码如表

7-2-1 所示。索股色码配对使用时，配对原则为：同组配对、上下配对、偷吃不可配对。

表 7-2-1 索股色码

第一组		第二组	
18	下索股，无编织（1）	28	下索股，无编织（2）
29	前针床编织，下索股（1）	38	前针床编织，下索股（2）
39	前针床编织，上索股（1）	19	前针床编织，上索股（2）
48	后针床编织，下索股（1）	49	后针床编织，下索股（2）
58	上索股，无编织（1）	59	上索股，无编织（2）

如图 7-2-13 所示为绞花 1×1 的制版图及相对应的效果图。

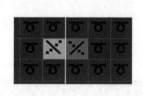 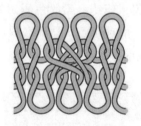

（1）制版图　　　　　（2）效果图

图 7-2-13　绞花 1×1 的制版图及效果图

如图 7-2-14 所示为绞花 3×3 的制版图及相对应的效果图。

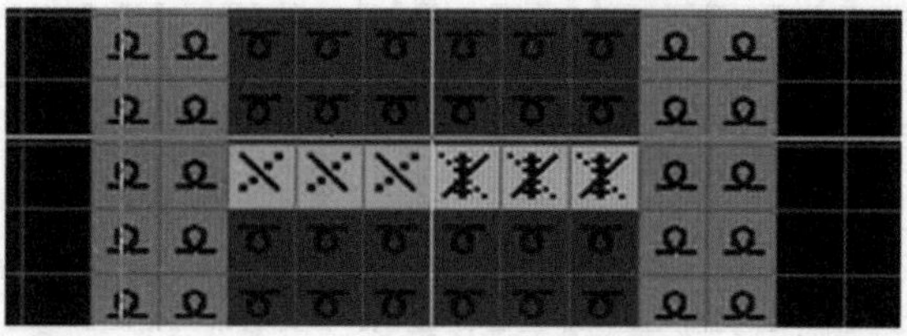

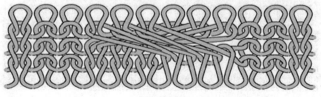

（1）制版图

（2）效果图

图 7-2-14　绞花 3×3 的制版图及效果图

2. 阿兰花制版

（1）阿兰花的编织：利用移圈的方式使两个相邻纵行上的线圈相互交换位置，在织物中形成凸出于织物表面的倾斜线圈纵行，组成菱形、网格等各种结构花型，被称为阿兰花。如图 7-2-15 所示为阿兰花织物的效果图。

图 7-2-15　阿兰花织物的效果图

（2）阿兰花的绘制：选择【矩形】工具，使用"2"号色码绘制矩形，宽为 18 纵行，高为 30 横列，作为基础组织。索股色码"28"和"39"配对使用，绘制左斜花纹；索股色码"48"和"59"配对使用，绘制右斜花纹。绘制方法与挑孔花型制版类似，阿兰花织物的制版图及织物的效果图如图 7-2-16（1）和（2）所示。

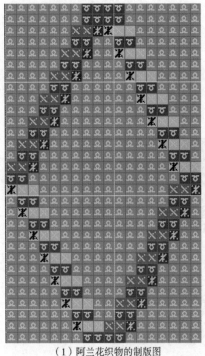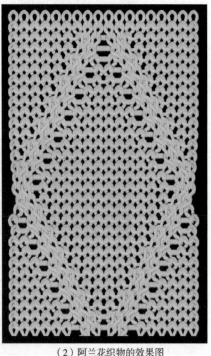

（1）阿兰花织物的制版图　　　　　（2）阿兰花织物的效果图

图 7-2-16　阿兰花织物的制版图及效果图

三、提花组织织物制版设计

提花组织是将纱线垫放在按花纹要求所选择的某些织针上，编织成圈而形成的一种花色组织。

提花组织又可分为单面提花和双面提花。单面提花是在单面组织的基础上进行提花编织，一般情况下，单面提花背面呈浮线状态，所以浮线不能过长。双面提花是在双面组织的基础上进行提花编织，提花编织出现的浮线停留在正反面线圈之间，不露在外表面。双面提花的正面可以设计出各种外观效应，背面也可呈现出风格各异的成圈状态。

单针床横机只能编织单面提花。由于电脑针织横机拥有强大的提花功能，在双针床电脑横机上既可以编织单面提花，又可以编织双面提花。

提花组织织物的制版流程为：绘制提花花型→设置背面类型→设置纱嘴→设置编译参数→编译。

1. 绘制提花花型

（1）提花色码的使用：绘制提花花型时，有以下两种方法：

①使用绘图工具手工绘制所需花型，一般花型会比较简单直观。

②通过导入图片的形式，把原有的颜色转换成提花色码，这种花型往往比较复杂。

提花色码分为两组，如表 7-2-2 所示。

表 7-2-2　提花色码

组别	序号	提花色码
第一组	231–239	231 232 233 234 235 236 237 238 239
第二组	241–249	241 242 243 244 245 246 247 248 249

用提花色码（231–239 和 241–249）在花样图层绘制提花花型时，如果为连续区域，则用一组提花色码绘制即可，如图 7-2-17 所示（开始与结束横列皆为废纱部分，中间为提花部分）；当花样图层中提花区域分开，需使用两组提花色码绘制时，如图 7-2-18 所示，大身和左 V 领使用第一组提花色码，右 V 领使用第二组提花色码，左右使用的色码个位数一一对应。同一个提花色码只能设置一把纱嘴，每个纱嘴的编织范围都是相同的，从左边缘编织到右边缘。

（2）普通色码的使用：可在花型图层中直接添加普通色码，表示花型图案（例如 20 号色），如图 7-2-19 所示。需要注意的是，当普通色码左右两边不是同一个提花色码时，为确定编织的纱嘴，需要用到组织图层，并在编译时勾选"使用组织图"。

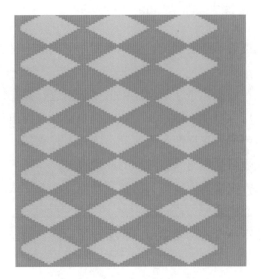

图 7-2-17　连续区域提花制版图

图 7-2-18　不连续区域提花制版图

图 7-2-19　普通色码的使用

（3）16 号色码与 0 号色码的使用：16 号色码表示前针床不编织（浮线），后针床按背面形式正常编织，如图 7-2-20 所示。

0 号色码表示前针床和后针床都不编织（浮线），可用于制作特殊的花型。

需要注意的是，当 0 号色码或 16 号色码左右两边不是同一个提花色码时，为确定编织的纱嘴，需要用到组织图层，并在编译时勾选"使用组织图"。

2. 设置背面类型

在做全提花时需要在功能线 214 中设置背面形式，背面类型有空针、全选（横条纹）、

1X1A（芝麻点）、1X1B（芝麻点）、袋（空气层）、鹿子、鹿子（袋）、天竺类。如图 7-2-21~图 7-2-23 所示。

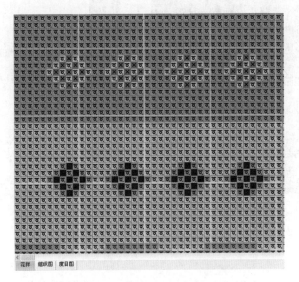

图 7-2-20　16 号色码与 0 号色码的使用

图 7-2-21　两色提花

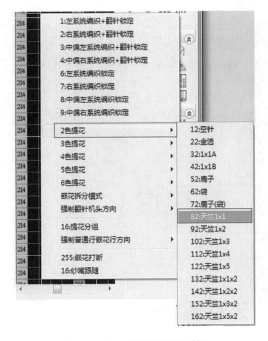

图 7-2-22　背面设置对话框

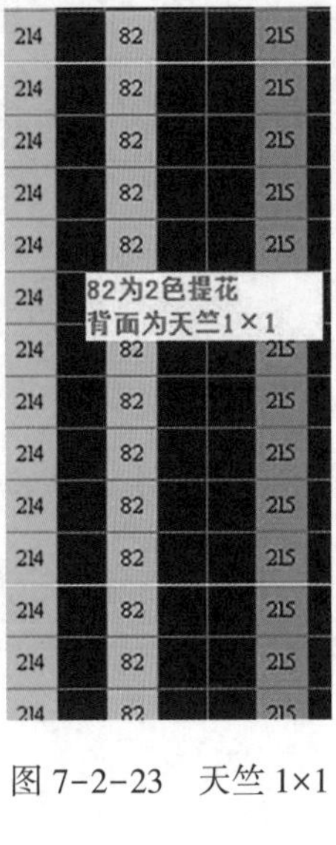

图 7-2-23　天竺 1×1

在画全提花时，如果提花中上下不同区域用到的色码数不同，需要在功能线 214 中进行提花分组，如图 7-2-24 和图 7-2-25 所示。

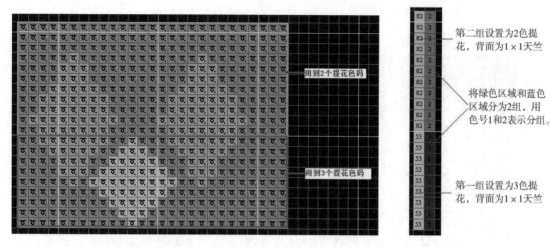

图 7-2-24　提花制版图　　　　　　　　　　　图 7-2-25　提花分组

3. 设置纱嘴

如图 7-2-26 所示为纱嘴设置界面，直观简洁。需要注意的是，左边领子纱嘴的初始位置在左边，右边领子纱嘴的初始位置在右边。

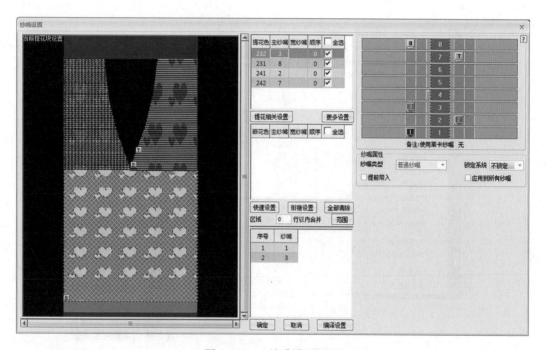

图 7-2-26　纱嘴设置界面

可以根据系统数和纱嘴的初始位置，编译器自动组合编织顺序，将效率最优化，不需要人工排纱。单系统 2 色提花，左右各放置一把纱嘴。3 色提花，一把纱嘴放置右边。

4. 设置编译参数

在功能线上将编织参数补充完整。

浮线处理：指提花时对浮线的处理（图 7-2-27），避免浮线过长引起漏针（通常用于虚线提花）。

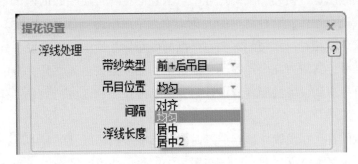

图 7-2-27　浮线处理

带纱类型有前（针床）吊目、后（针床）吊目、前（针床）编织、后（针床）编织、前（针床）+后（针床）吊目、前（针床）吊目+后（针床）编织。建议选择"前吊目"的处理方式。设置吊目或编织的位置，可以根据要求控制织物厚度的均匀性。

5. 编译

编译检查，存盘上机编织。图 7-2-28 为某提花组织织物的制版图，图 7-2-29 为该织物的效果图。

图 7-2-28　提花组织织物的制版图

图 7-2-29　提花组织织物的效果图

四、嵌花组织织物制版设计

嵌花，又称无虚线提花，每种色纱的导纱器只在自己的颜色区域内垫纱，区域内垫纱之后，该导纱器停下，直到下一横列机头返回时再带动编织，而在同一横列的边缘，另一个导纱器将继续编织这一横列。编织过程中，嵌花的实现是使相邻的两个不同颜色的纱线通过集圈的方式进行连接，这种简单的嵌花织物为单面织物，背面无虚线。

电脑横机编织嵌花时，使用能够左右摇摆的嵌花导纱器。一般来说，同一横列从左到右有几个颜色区域，就需要几个导纱器，横机上的导纱器数量通常是有限的，因此嵌花织物的设计要充分考虑到设备的配置，设计时要考虑嵌花颜色区域的数量，色纱的数目应与导纱器数量对应。

特别要注意的是，在设置导纱器位置时，相邻两个颜色区域的导纱器最好不要设置在同一导轨上，以免发生碰撞。此外，嵌花图案中，每个颜色区域都以偶数行为佳，若为奇数行，背面则会出现一行浮线。

嵌花组织织物制版流程为：绘制嵌花→设置嵌花纱嘴→设置编译参数→编译。

（一）绘制嵌花

1. 嵌花色码

嵌花色码有三组，如表 7-2-3 所示。

表 7-2-3　嵌花色码

组别	序号	针法动作	嵌花色码
第一组	201-206	后针床编织	
第二组	211-219	前针床编织	
第三组	221-226	前后针床编织	

2. 嵌花的绘制

用嵌花色码在花样图层绘制出嵌花花型，使用绘图工具手工绘制所需花型，一般比较简单直观，如图 7-2-30 所示。通过导入图片的形式，把原有的颜色转换成嵌花色码，这种花型往往比较复杂。同一个嵌花色，在完全不连通的情况下，可以表示两个独立编织区域，即设置两把纱嘴。

可在花样图层中直接添加普通色码，绘制挑孔、绞花等花型，如图 7-2-31 所示。当普通色码左右两边不是同一个嵌花色码时，为确定编织的纱嘴，需要用到组织图层，并在编译时勾选"使用组织图"。

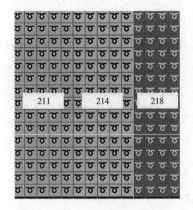

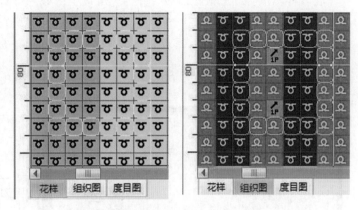

图 7-2-30　嵌花花型制版图　　　　　　　　图 7-2-31　添加普通色码的嵌花花型制版图

（二）设置嵌花纱嘴

在嵌花纱嘴设置区分别设置每个色码使用的纱嘴，简洁直观，如图 7-2-32 所示。

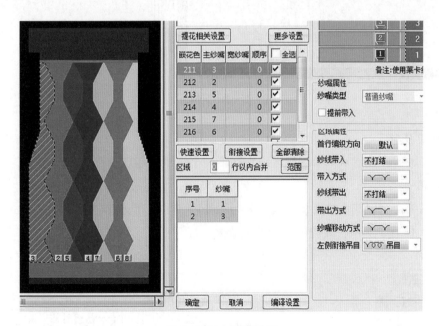

图 7-2-32　纱嘴设置

（三）设置编译参数

1. 纱嘴带入带出

设置编织嵌花的纱嘴带入和带出的方式。

2. 区域合并

将花样图层打断的嵌花区域合并为一个编织区域，打断的部分纱嘴不带出，停在中间踢纱嘴。如图 7-2-33 所示，将 212（213）嵌花色码的编织区域分别合并为一个编织区域。默认情况下，编织完每个区域都会自动地带入带出纱嘴。可使用"快速设置"和"范围"按钮，快速地设置嵌花纱嘴。

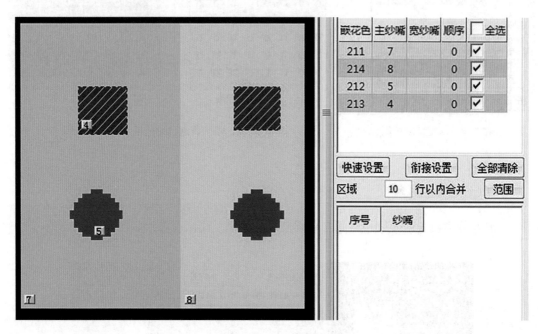

图 7-2-33　区域合并

3. 纱嘴移动

合并区域后，设置从一个编织区终点到下一个编织区起点纱嘴的带纱方式。

4. 嵌花衔接

设置相邻两个嵌花块的衔接方式，分为不处理、吊目和交错吃针，如图 7-2-34 所示。建议勾选"自动"选项，嵌花的衔接处理效果最好。

图 7-2-34　嵌花衔接设置对话框

5. 取消吊目

根据嵌花色码选择是否取消衔接处的吊目。

6. 双面组织吊目连接

设置双面嵌花组织相邻区域的吊目连接方式，如图 7-2-35 所示。

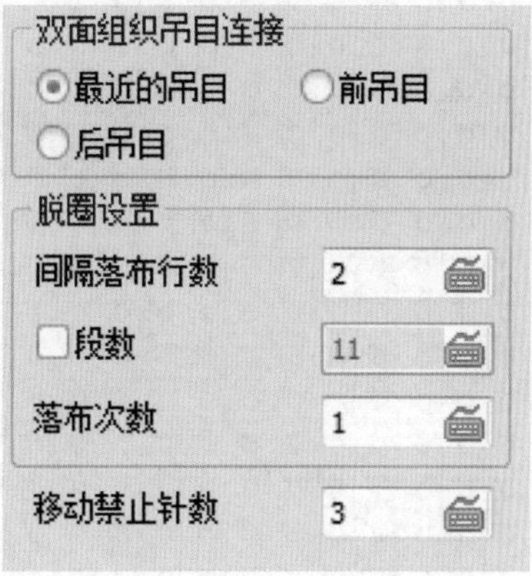

7. 间隔落布行数

纱嘴带入、带出编织区域时设置有编织动作，当执行完带入、带出动作后第 n 行进行落布处理，即为设置的间隔落布行数 n。

8. 落布次数

设置落布执行几次。

9. 段数

指定落布行的段数。

图 7-2-35　带纱脱圈设置对话框

10. 移动禁止针数

根据导纱器规格设置同导轨纱嘴的安全针数；根据编织的纱嘴停放点，设置不同导轨纱嘴的安全针数，避免出现撞纱嘴撞针。

(四) 功能线高级参数设置

1. 功能线 214 设置

(1) 强制嵌花普通行方向 (第 3 列)：默认情况下，嵌花区域的第一行方向为从左向右，可根据纱嘴停放情况强制第一行的编织方向，如图 7-2-36 所示。

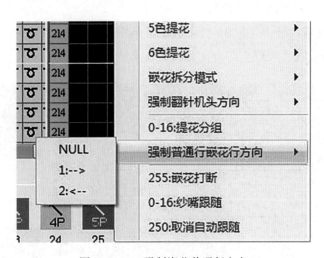

图 7-2-36　强制嵌花普通行方向

(2) 嵌花打断 (第 4 列)：嵌花区域被普通色码打断时，默认为一个编织区域，纱嘴将停在普通行踢纱嘴；功能线 214 最后一列标示嵌花打断后，则为两个编织区域，纱嘴将带出编织区域，不在普通行编织时踢纱，如图 7-2-37 所示。

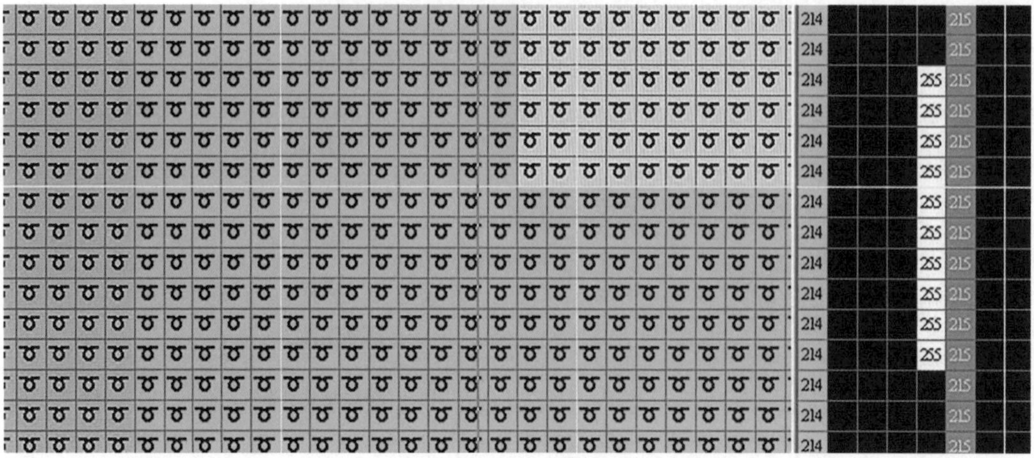

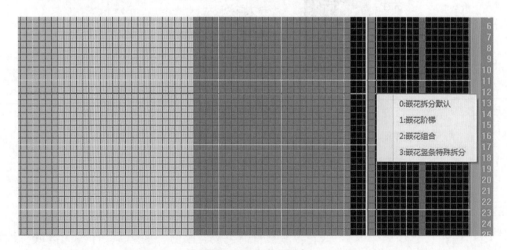

图 7-2-37　嵌花打断

2. 功能线 217 设置

该功能线设置对应行嵌花拆分的方式。

0：嵌花拆分默认——嵌花行对应的功能线不填写时（即为 0），使用编译界面的拆分模式。

1：嵌花阶梯——标识"1：嵌花阶梯"的行，拆分方式为阶梯拆分。不受编译界面中选项的影响（适用于嵌花色数≤3 的行）。

2：嵌花组合——标识"2：嵌花组合"的行，拆分方式为组合拆分。不受编译界面中选项的影响（适用于嵌花色数>3 的行）。

3：嵌花竖条特殊拆分——标识"3：嵌花竖条特殊拆分"的行，拆分方式为竖条特殊拆分（适用于竖条嵌花，否则会影响嵌花衔接效果），如图 7-2-38 所示。

图 7-2-38　嵌花竖条

五、复合组织织物制版设计

复合组织往往能够综合各种基础组织的优点，改善织物的性能，扩大花色品种，丰富织物的肌理效果，是目前针织时装设计中重要的设计元素。电脑横机强大的编织功能使得各种复杂的复合组织的产品化能得以实现。

图 7-2-39 是几种复合组织织物的制版图，（1）是罗纹半空气层组织，也称为三平组织，编织动作为半转圆筒半转四平；（2）是罗纹空气层组织，也称为四平空转或打鸡，编织动作为一转圆筒半转四平；（3）是谷波组织，是四平与平针复合编织而成，编织动作为两转四平两转平针。

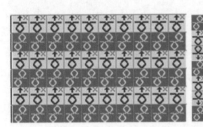 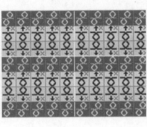 

（1）三平组织织物的制版图　　（2）四平空转组织织物的制版图　　（3）谷波组织织物的制版图

图 7-2-39　几种复合组织织物的制版图

复合组织的设计要建立在对针织电脑横机功能特点和针织基本组织特性的充分理解的基础之上，最大限度地发挥想象力和创造力，要多实验、多尝试，将针织电脑横机的强大功能充分挖掘出来。

第三节　羊毛衫工艺单成形设计

一、成形设计界面

点击菜单栏上的成形图标 ，可以进入成形设计界面，如图 7-3-1 所示。设计人员可以按照工艺单上的工艺输入相关数据，并进行相关设置，就可以自动生成衣片的 KNI 花样图。并且软件自动给出基本的功能线设置，可以直接编译，极大地方便了设计人员进行工艺单制作。

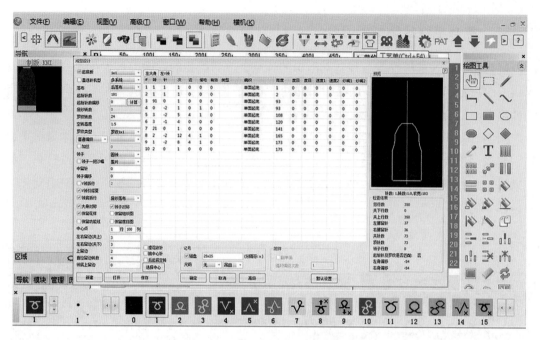

图 7-3-1　成形设计界面

二、成形工艺输入

（一）大身工艺输入

图 7-3-2 所示为羊毛衫前片工艺数据。衣片左右对称时，只需输入一侧工艺数据。系统默认为大身对称，如果有不对称的情况可以把勾选去掉，在工艺单输入中会多出右身输入选项。

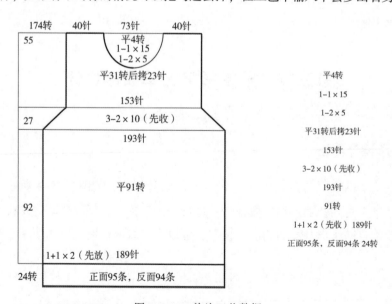

图 7-3-2　前片工艺数据

将图 7-3-2 所示工艺数据输入成形界面左大身数据列表中，如图 7-3-3 所示。

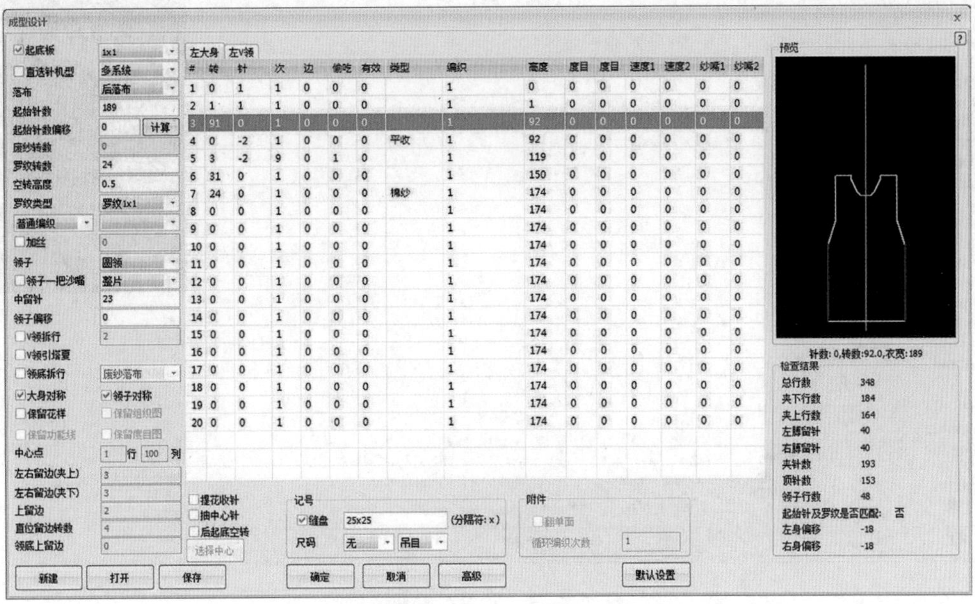

图 7-3-3 左大身数据输入

（二）领子工艺输入

图 7-3-4 所示为羊毛衫圆领工艺数据。领片左右对称时，只需输入一侧工艺数据。系统默认为领子对称，如果有不对称的情况，可以把勾选去掉，在工艺单输入中会多出右领输入选项。

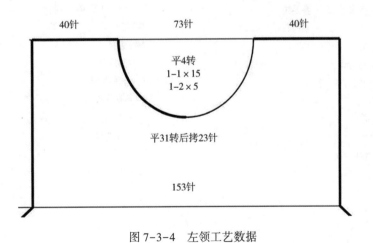

图 7-3-4 左领工艺数据

将图 7-3-4 所示工艺数据输入成形界面左领数据列表中，如图 7-3-5 所示。工艺输入时，领子的收加针符号与大身输入相反。

图 7-3-5　左领数据输入

三、成形基础参数设置

成形基础参数设置主要包括：机器系统类型、衣领设置、起底设置等，如图 7-3-6 所示。

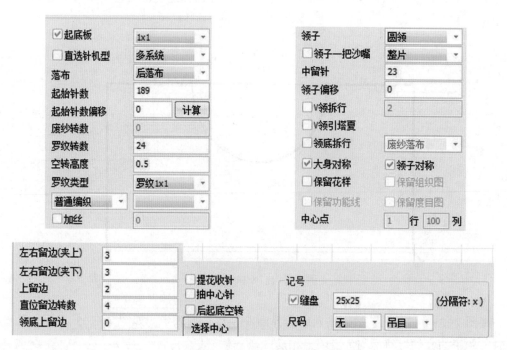

图 7-3-6　成形参数设置

（一）机器系统类型

在机型选项部分单击系统类型可选择单系统、多系统。选择单系统时会设置纱嘴（1）中单口锁定功能线，大身无法使用两把纱嘴进行编织。

（二）衣领设置

1. 领子选择

有 V 领、假领（吊目）、假领（移针）、圆领等（图 7-3-7）。V 领和圆领的处理方法相同。

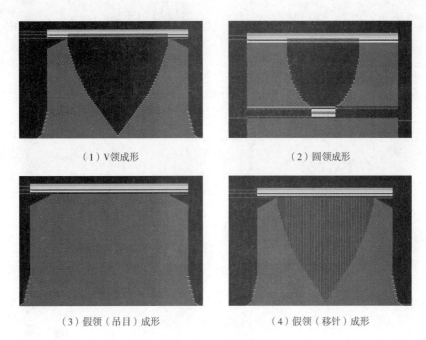

（1）V领成形　　　　　　　　　　　　　　（2）圆领成形

（3）假领（吊目）成形　　　　　　　　　　（4）假领（移针）成形

图 7-3-7　领子成形

2. V 领拆行

用拆行的方式实现左右领不同纱嘴编织。V 领拆行后会进行纱嘴方向判别，单系统、双系统都可以使用。V 领拆行行数可自行输入，一般为 2 行，效果如图 7-3-8 所示。

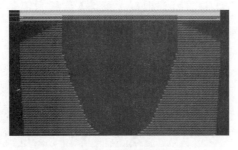

图 7-3-8　V 领拆行效果

3. V 领引塔夏

使用引塔夏色码区分左右领不同纱嘴的编织区域。领子部分将使用嵌花色码绘制，效果如图 7-3-9 所示。

4. V 领不拆行非引塔夏

V 领部分如果既不是拆行，也不是引塔夏，那么软件在生成的花样图中自行处理，效果如图 7-3-10 所示。

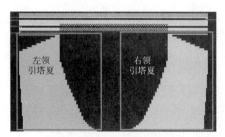

图 7-3-9　V 领引塔夏效果

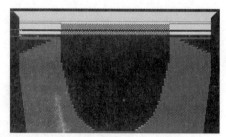

图 7-3-10　不拆行非引塔夏效果

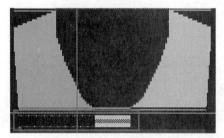

图 7-3-11　圆领领底处理

5. 圆领领底处理

对圆领领底进行处理，非裁剪圆领时需设置，常用方式为主纱落布与废纱落布，效果如图 7-3-11 所示。

(三) 起底设置

起底组织中可选择起底板、非起底板。勾选起底板时会生成起底纱嘴的带入及夹线放线的功能线。起底板的废纱采用落布方式处理，非起底板则是编织方式。选择机型后将自动更换起底设置。

当选择有起底板时，在起底组织部分，软件预设了 8 种罗纹：1×1、2×1、2×2、3×2、3×3、四平罗纹、空气层以及 1×1 竖条，并可以根据需要设置罗纹的排列式样。除此之外，还可以在起底组织部分设计起底组织的罗纹类型、转数、排列，空转转数，罗纹过渡行和落布方式。

罗纹过渡行用于设定罗纹过渡行，根据大身是普通编织还是不同的提花类型来变更过渡方式。双面提花和空气层用于大身是提花组织的过渡。如图 7-3-12 所示为过渡行为普通编织形式。

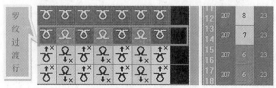

图 7-3-12　普通编织形式

四、成形高级参数设置

收加针类型设置、纱嘴和段数设置以及其他常用的设置等，如图7-3-13所示。

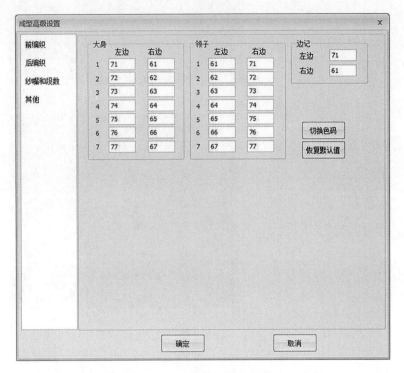

图7-3-13 高级参数设置界面

（一）收针方式

1. 前针床编织

"大身"正下方的序号表示收针数，即需要收多少针。"左边""右边"正下方数字表示所用的收针色码。"边记"表示成形工艺单中前针床编织情况下做记号的色码。

收针色码可以填多个色码，中间用逗号隔开，如图7-3-14所示为大身前针床编织收针设置及成形后效果。

2. 后针床编织

后针床编织选项页是选择后针床编织时的收针色码。后针床编织收针色码及操作与"前针床编织"相似，在此不再赘述。

（二）纱嘴和段数

纱嘴和段数页面设置衣片度目等编织参数段数，以及衣片纱嘴。

工艺单成形后的各分段段数以及主纱、废纱的默认纱嘴号。段数默认使用"参数模式1"。琪利制版系统中默认如图7-3-15所示，设计人员可根据使用习惯自行修改。

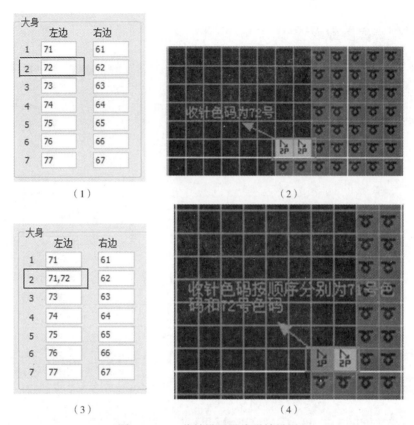

图 7-3-14　收针设置及成形效果图

图 7-3-15　纱嘴和段数设置页面

(三) 其他参数设置

其他参数设置包括：收针方式和收针类型、废纱设置、单纱嘴开领深度（需要单纱嘴开领时不能勾选 V 领引塔夏或 V 领拆行）、有效针数（配合棉纱使用）等。设置页面如图7-3-16 所示。

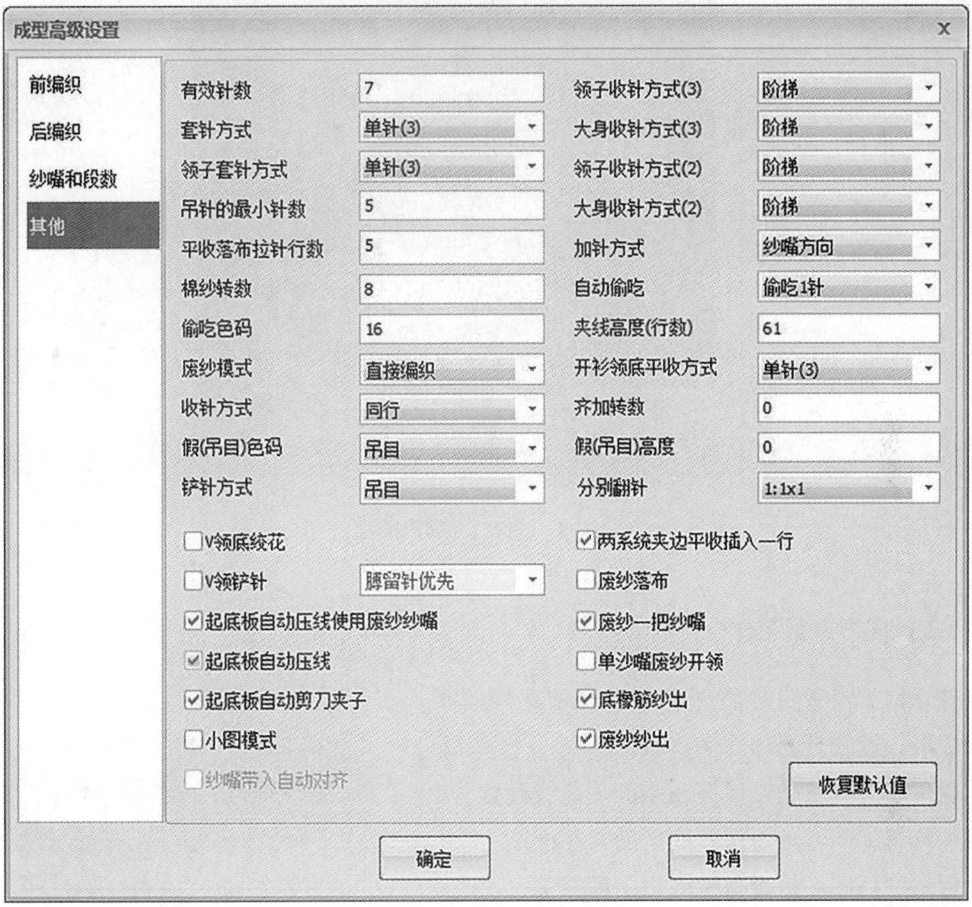

图 7-3-16　其他参数设置页面

五、成形套图

成形套图步骤：花型底图绘制→成形保留花样→成形轮廓定位→成形制版图确定。

(一) 花型底图绘制

在作图区做一花型图，如图 7-3-17 所示。

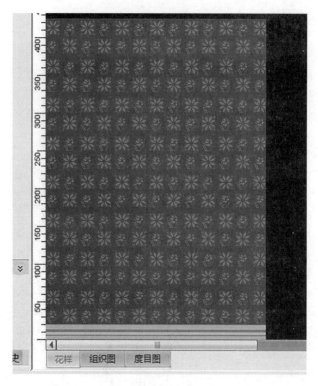

图 7-3-17 花型底图

(二) 成形保留花样

花样保留设置可以将工艺单在保留花样的基础上成形，设置页面如图 7-3-18 所示。

保留功能线：是否保留底图的功能线设置。

保留组织图：是否保留底图的组织图。

保留度目图：是否保留底图的度目图。

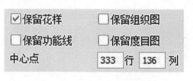

图 7-3-18 花样保留设置

(三) 成形轮廓定位

取花样中心点的方法有两种：

（1）直接在中心点输入框输入行坐标和列坐标；

（2）通过"选择中心"按钮在底图花样中选择中心。

袖子及假领的中心点默认为大身底部的中心点，V 领及圆领的中心点默认为领子底部的中心点。

在此，通过第 2 种方法选取中心点，点击"选择中心"按钮，选择衣片上任意一点单击鼠标左键后可拖动衣片选择花样区域，选定范围后可使用方向键进行微调确定范围，如图 7-3-19 所示。

(四)成形制版图确定

成形轮廓选定后，再次打开工艺单界面（点击图标或按 Enter 键），此时中心点坐标为"选择中心"操作后固定的中心位置，单击确定即获得保留花型的衣片制版图。设计人员可以根据实际情况对制版图进行修改后再进行编译，也可以直接进行编译。最终成形的大身制版图如图 7-3-20 所示，主要包括九个编织部段：起底→罗纹→罗纹过渡→大身→平收→领底→左右领→棉纱→废纱。

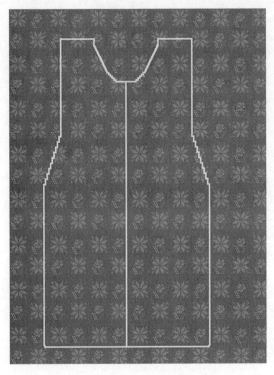 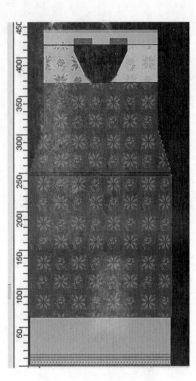

图 7-3-19　成形轮廓定位　　　　　　　图 7-3-20　成形制版图

六、编译上机

点击菜单栏上的编译图标 ，弹出编译选项对话框，如图 7-3-21 所示。

系统根据相关设置的参数自动排列纱嘴的初始位置。选择机型和设置引塔夏纱嘴后，可直接编译，编译结果如图 7-3-22 所示。每编译一次后，系统将自动保存修改过的图形。

选择增强机型，编译完成后，只多生成一个同名 001 文件，该文件是 CNT \ PAT \ YAR \ PRM 四个上机文件的压缩文件，点击图 7-3-22 中的图标 ，可直接将当前编译的 001 文件发送到 U 盘（已插入电脑），再拷贝到机器上即可以进行编织。

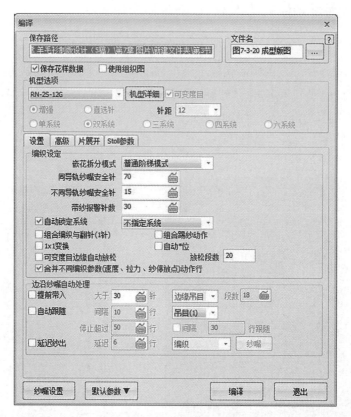

图 7-3-21　编译选项对话框

图 7-3-22　编译结果页面

第四节　羊毛衫制版 CAD 实例

一、利用成形输入制版

（一）工艺输入

打开琪利软件，点击制版设计模块，进入系统后新建文件，点击菜单栏上的成形图标，进入成形设计界面，将圆领套衫前片的工艺数据分别输入成形界面，如图 7-4-1 所示。后片、袖片和领条的操作与前片一样，在此不再赘述。

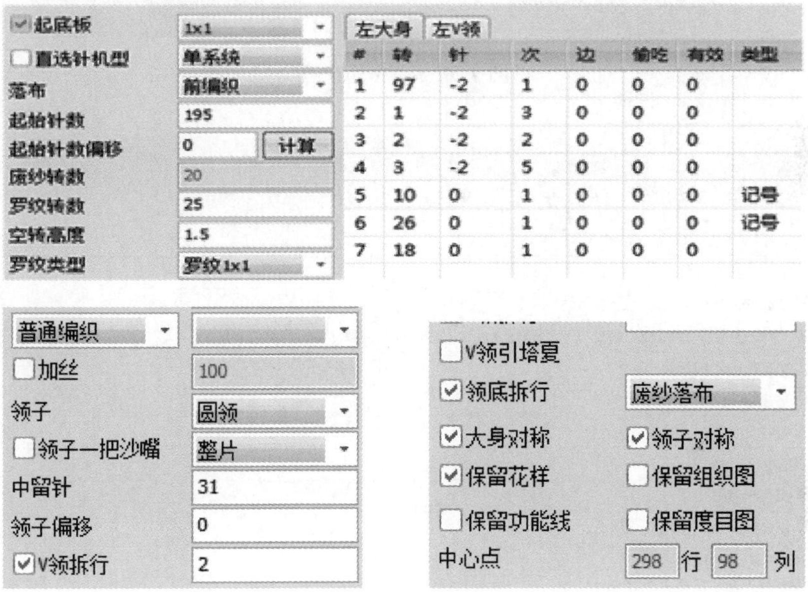

#	转	针	次	边	偷吃	有效	类型
1	97	-2	1	0	0	0	
2	1	-2	3	0	0	0	
3	2	-2	2	0	0	0	
4	3	-2	5	0	0	0	
5	10	0	1	0	0	0	记号
6	26	0	1	0	0	0	记号
7	18	0	1	0	0	0	

图 7-4-1　工艺输入

（二）生成花版

输入工艺单内容后点击确定，完成制版，系统会自动进行相关设置，如图 7-4-2 所示为衣片花版及相应功能线设置。

（三）编译上机

如图 7-4-3 所示为编译正确结果。选择增强机型，编译完成后，只多生成一个同名 001 文件。点击存入 U 盘，可以直接拷入电脑横机进行编织。

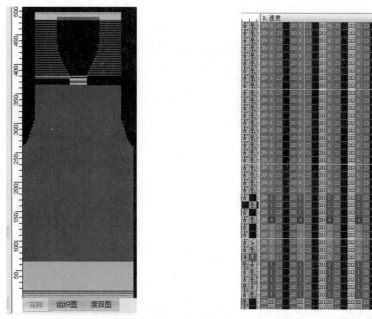

图 7-4-2　衣片花版

图 7-4-3　编译正确结果

二、利用工艺单转制版

(一) 打开工艺

打开琪利软件，进入工艺设计模块，打开圆领套衫工艺，如图 7-4-4 所示。点击导入制版工具，可以进行制备信息设置。

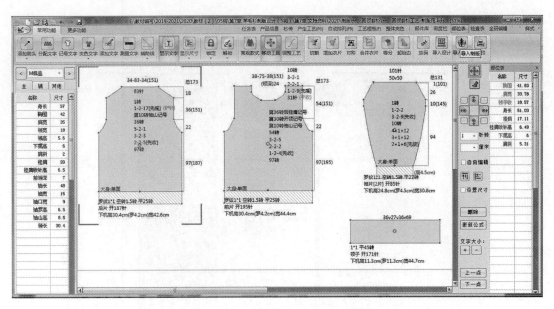

图 7-4-4　工艺界面

（二）导入制版

如图 7-4-5 所示为制版信息设置界面，设置好后点击"转制版"，将进入制版软件系统。

图 7-4-5　制版信息设置界面

（三）生成花版

进入制版系统后选择相应衣片，在右键弹出菜单中选择"使用成形"，生成衣片花版，如图 7-4-6 所示。

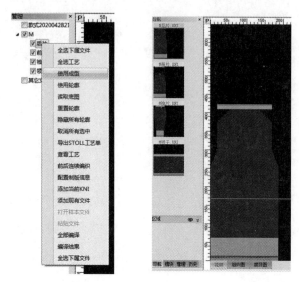

图 7-4-6　衣片花版

（四）编译上机

如图 7-4-7 所示为编译正确结果。选择增强机型，编译完成后，只多生成一个同名 001 文件。点击存入优盘，可以直接拷入电脑横机进行编织。

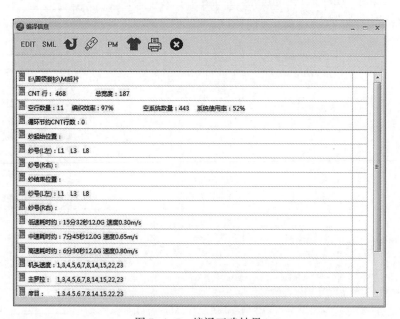

图 7-4-7　编译正确结果

实训项目：羊毛衫花型制版与上机

一、实训目的

1. 主要训练理论联系实际的能力。

2. 训练羊毛衫花型制版的能力。

3. 训练电脑横机的实际操作能力。

二、实训条件

1. 计算机及相关制版软件。

2. 电脑横机及编织所需要的各种纱线。

3. 调试设备所用的扳手、螺丝刀、隔距量规、照密镜等。

4. 天平、烘干机、强力仪等。

三、实训项目

1. 花型制版。

2. 上机编织。

四、实训报告

1. 羊毛衫上机文件。

2. 羊毛衫衣片实物。

第八章 羊毛衫成衣设计

羊毛衫成衣工艺是指在羊毛衫生产中，采用缝合方法，将成形的前片、后片、袖片、领片及纽扣、拉链、丝带（门襟）等附件连接成衣服的过程。有的产品还要通过湿整理、缩绒、绣花、贴花、补花、扎花、印花、镶皮、植绒、簇绒或拉毛等方法加以整理和修饰，以体现产品款式风格和特殊设计效果。它是由羊毛衫的款式特点、质量要求、产品原料、服用性能、织物组织结构、编织衣坯的针织机机号和现有成衣设备生产能力确定的。必须重视羊毛衫的成衣整理工艺，努力提高羊毛衫的附加值，从而使羊毛衫能够符合高档化、时装化和多样化的趋势。

第一节 成衣工艺流程

成衣工艺必须保证毛衫产品款式的特点和品质要求。如：开衫门襟要挺直、平整；V领套衫的领尖要居中、缝正，保持平整；袖、摆罗纹边拼接要平齐；装领要正，领角应对称；摆线、肋线要通畅、平整；线迹应均匀、贴切、牢固。成衣工艺流程的制定一般包括裁剪、缝合、整烫、修饰、清杂、检验、包装等内容，产品的品种不同，成衣工艺的内容也不同，但各工序应根据产品协调、合理地排列，尽可能采取流水线作业，防止流程倒流。现介绍几种常用品种的成衣工艺流程，皆为各种肩型的收针、缩绒羊毛衫产品。

一、开衫的工艺流程

套口→烫领→裁剪→平缝→链缝（24KS）→手缝→半成品检验→缩绒→裁剪→平缝→烫门襟→画扣眼→锁扣→钉纽扣→清除杂质→烫衣→钉商标→成品检验→包装。

二、套衫的工艺流程

套口→裁剪→平缝→链缝（24KS）→手缝→半成品检验→缩绒→清除杂质→烫衣→钉商标→成品检验→包装。

三、长裤的工艺流程

套口→平缝→半成品检验→缩绒→清除杂质→蒸烫→钉商标→成品检验→包装。

四、裙子的工艺流程

套口→平缝→手缝→半成品检验→缩绒→清除杂质→蒸烫→钉商标→成品检验→包装。

第二节　羊毛衫的缝合

羊毛衫缝合工艺有两种，即机械缝合与手工缝合。成衣工艺包括：前片、后片、袖片、衣领的缝合与装饰等。应协调好各种缝合、装饰与整理等工作的顺序和批量，如手工缝合与机械缝合，缝合与装饰、缩绒、拉毛整理等；还有内加工与外加工，以及外单位协作加工等。应尽量避免工序间或内外的往返交叉、几进几出。尤其是浅色产品，更应该防止成衣加工过程造成的沾污与其他疵点。在保证羊毛衫品质要求的前提下，提高工作效率。

一、缝合设备

羊毛衫常用的成衣工艺设备有合缝机（套口缝合机）、链缝机（切边缝纫机）、平缝机、包缝机、绷缝机等。此外，根据羊毛衫的缝合要求，有些还需要手工缝合。国产的工业用缝纫机习惯上以工具挑线、勾线方式和所形成的线迹类型来进行分类。缝纫机的型号用两位大写字母表示。第一位字母表示缝纫机的使用对象，共分三类，G 代表工业用缝纫机，J 代表家用缝纫机，F 代表服务行业用缝纫机；第二位字母表示缝纫机主要成缝结构的特点及所形成线迹的形式。型号中的第一个数字表示该机在相同类型中的第几种，如 GN "1" —1 中的 "1" 表示这类缝纫机的第一种，又如 GN "2" —1 中的 "2" 表示这类缝纫机的第二种。型号中的第二个数字表示该机在同型号机种改进后的定号。如 $CN1$—"1" 中的 "1"，表示第一种包缝机改进后的顺序定号。

1. 合缝机

合缝机又称套口缝合机，是一种缝合成形针织衣片的专用缝纫机。其特点是缝线穿套于衣片边缘线圈之间，进行针圈对针圈的套眼缝合，缝合后针圈相对，接缝平整，外观漂亮，且弹性、延伸性好，常用于针织毛衫大身与领、袖及门襟的缝合。

套口缝合机根据针床形式分为圆式和平式两种，圆式套口缝合机针床呈圆盆形状，适合领、挂肩等处的缝合；平式套口缝合机针床平直，可用于摆、肋、袖侧缝的缝合。套口机的线迹有单线链式和双线链式两种，一般套口机都是单线链式线迹。

2. 链缝机

链缝机是可形成各种链式线迹的工业缝纫机，属 GJ 系列。其形成的线迹在面料正面与锁式线迹相同，另一面为链状，线迹的弹性、强力比锁式线迹好，而且链缝机在生产中不用换底线，生产效率高，因此在针织服装生产中的很多情况下代替平缝机使用。

链缝机可以根据直针数和缝线数量区分，如单针单线、单针双线、双针四线、三针六线等机种。除单针单线链缝机外，其他链缝机的直针与弯针均成对、分组同步运动，形成独立、平行的双线链式线迹。在针织服装生产中，链缝机常根据其用途进行命名，例如用于针织服装滚领的就称滚领机，用于缝制松紧带的就称绱松紧带机，用于褶裥缝制的就称抽褶机，缝饰带的就称扒条机等。目前多针链缝机的针数多达 50 针，线迹宽度可达 23cm，主要用于装饰作业和绱松紧带。

3. 平缝机

平缝机俗称平车，又叫穿梭缝缝纫机，由于针织厂常用它缝制服装的门襟，因此也有叫"镶襟车"的。平缝机属于 *GC* 系列缝纫机，由针线（面线）和梭子线（底线）相互交叉在缝料内部，形成锁式线迹结构。锁式线迹在缝制物的正反面有相似的外观，该缝迹拉伸性较小，一般适合缝制如门襟带、袋边、包边缝等服用时受拉伸较小的部位，用以加固这些服装部件，以及缝制商标、拉链等。

平缝机种类很多，按可缝制缝料的厚度不同，可分为轻薄型、中厚型及厚型。按缝针数量不同，可分为单针平缝机、双针平缝机等。双针平缝机可同时缝出两道平行的锁式线迹，而且左右两种可分离，如在拐角处其中一根针可停止运动自动转角，使缝制品更加美观。根据送布方式不同，可分为下送式、差动式、针送式、上下差动式等机种。差动式送布平缝机是缝制弹性缝料的理想机种，针送式平缝机一般用来缝制较厚的面料或容易滑移的面料，上下差动送布平缝机适用于缝合两种伸缩性能不同的面料（如针织布与梭织布的缝合），也适合缝制吃纵部位，如绱袖时袖片的袖山部位。

4. 绷缝机

绷缝机属 *GK* 系列，可形成 400 或 600 绷缝线迹。绷缝线迹呈扁平状，能包覆缝料的边缘，既能防脱散，又能起到很好的装饰、加固作用，同时线迹还具有良好的拉伸性能。绷缝机是针织缝纫机中功能最多的机种，在针织服装中应用极为广泛，如拼接、滚领、滚边、折边、加固、饰边等。

绷缝机按缝针数可分为双针机、三针机和四针机；根据表面有无装饰线，可分为无饰线绷缝机（或称单面绷缝机）和有饰线绷缝机（或称双面饰线绷缝机）；按外形有筒式车床和平式车床之分，筒式车床用于袖口、裤口等细长筒形部位的绷缝，平式车床因为支撑缝料的部分为平板型，可以方便地进行各种类似平缝的作业，如拼接缝、压线加固缝等。

5. 包缝机

包缝机俗称"拷克机"，属 *GN* 系列，可形成 500 系列包缝线迹。包缝机上带有刀片，可以切齐布边、缝合缝料，线迹能包覆缝料的边缘，防止缝料脱散，同时包缝线迹又具有良好的弹性和强力，因此在针织服装制作中用途广泛。

包缝机的生产效率高，车速快，车速在 5000 针/min 以下的称为中速包缝机，在 5000 针/min 以上的称为高速包缝机，现代高速包缝机车速一般都在 6000 针/min 以上，有些可达到 10000 针/min 以上。

包缝机常依据组成线迹的线数分类，可分为单线包缝机、双线包缝机、三线包缝机、四线包缝机和五线包缝机等。单线包缝机、双线包缝机和三线包缝机都只有一根直针，四线包缝机和五线包缝机有两根直针。单线、双线包缝机在针织服装中的应用已经越来越少；三线、四线包缝机在针织服装中使用最广，被广泛用于合缝、锁边、挽边、绱领等，四线包缝机由于增加了一根直针，使线迹的强力增加，同时防脱散能力也得到进一步提高，因此在高档产品的缝制中使用的越来越多；五线包缝机能形成由一个双线链式线迹与一个三线包缝线迹复合的复合线迹，线迹的缝纫强力大，生产效率高，在针织服装中主要用于强力要求较大的外衣、休闲服装以及补正内衣的缝制。

6. 锁眼机

锁眼机大多采用曲折形锁式线迹，但也有采用单线链式线迹和双线链式线迹的。锁眼根据纽孔的形状可分为圆头锁眼机和平头锁眼机。平头锁眼机适合衬衫等薄型面料的服装，圆头锁眼机适合外衣等较厚型面料的服装。根据锁缝顺序可以分为先切后锁（孔眼光边）和先锁后切（孔眼毛边）两种，眼孔周围可带芯线和不带芯线，一些高级厚重衣料必须用先切后锁的圆头扣眼并放入芯线。

7. 花针机与刺绣机

花针与刺绣是薄细型毛衫的装饰方法。常用的 G11-2 型花针机又称人字车，其线迹属于锁式（又称穿梭缝）线迹，但由于针杆摆动形成曲折形锁式线迹，这种线迹广泛用于缝制装饰边等。刺绣机是花针机的一种特殊形式，即针杆摆动的振幅可以随时受到调节和控制，而缝料则被固定于布夹中绷紧，并可以用手或特殊装置移动缝料，针线在缝料表面按设计图案运行成缝。刺绣机按刺绣时同时完成绣件的数目分为单头与多头两大类。

二、缝合要求

1. 缝合设备的要求

缝合设备应该根据缝迹要求来确定。

2. 缝线的要求

用于缝制衣着用的线总称为缝线。缝线应尽量与毛衫衣片的原料、颜色、纱线线密度相同；粗纺毛衫的缝线及机缝面线应采用精纺毛纱；平缝、包缝用的底线，其捻度不可过高，要柔软、富有弹性、光滑，并有足够的强力。

3. 缝迹的要求

缝迹是指由线迹连接而形成的缝子。要根据缝合衣片的原料、织物组织选择缝迹。缝迹要保持一定的拉伸性和良好的弹性，应该与被缝衣片及部位相适应，并能防止衣片边缘线圈的脱散。在缝合时，衣片与衣片之间要按记号对位准确无误。

4. 缝合牢度的要求

缝合牢度是指羊毛衫在穿着过程中经反复拉伸和摩擦，缝迹不受破坏的使用期限。缝迹牢度受缝迹结构和缝线弹性的影响，特别是在穿着过程中经常受拉伸的部位，一定要用有弹性的缝迹结构和缝线，保证在使用时缝线不被拉断而开缝脱线。缝迹的破坏大多是因磨断缝线而造成，因此缝线一定要耐磨。

三、手缝技术

羊毛衫的有些部位难以使用机械缝合，有些特殊风格的制作还没有适合的机械问世或没有配置全套缝制设备，有些需要修补复原的疵点与残缺，有些需要拼接的部件以及修饰工作等，都需要由手工进行缝制。

（一）手缝线迹种类与成缝过程

手缝的突出特点是针迹变化大，缝迹灵活机动，工艺性强。常用的有如下几种。

1. 回针

如图 8-2-1 所示为四针（眼）回二针（眼）的回针线迹，用于单面平针、三平、四平等织物的衫身、袖底合缝。畦编组织可用二针回一针的线迹缝合。针迹需在沉降弧（下线弧）上，即两行线圈之间的圈弧中。两层单面布料缝合时，它们的正面相贴近而反面向外。

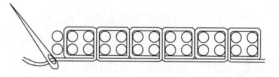

图 8-2-1　回针线迹

2. 切针

切针线迹如图 8-2-2 所示，被连接的两片织物线圈纹路不同，如缝挂肩、绱领头等部位。一般以一个纵向针圈对两个横向线圈，第二个针圈则对第二、第三线圈，依次穿串缝合。

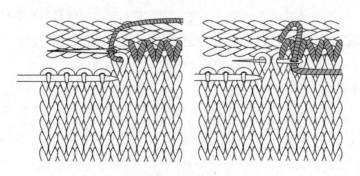

图 8-2-2　切针线迹

3. 对针

对针线迹如图8-2-3所示，将两层织物的线圈重叠，即针圈对针圈、线圈对线圈缝合在一起，习惯用于男式毛衫口袋部位的缝合，缝制时必须注意手势。缝合线迹应与织物线圈松紧度相似。

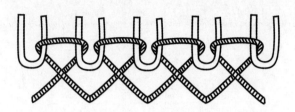

图8-2-3　对针线迹

4. 接缝

接缝又称接杠，即采用手缝方式将两块织物接在一起，且要求与正常编织线圈完全一样，不显露缝合痕迹。图8-2-4（1）~（3）、（4）、（5）分别表示平针正面与正面，平针正面与反面、平针正面与罗纹接缝工艺方法。接缝工艺可用于毛衫领头、肩头的拼接，也可以构造出花式组织结构，故又称接套缝合。

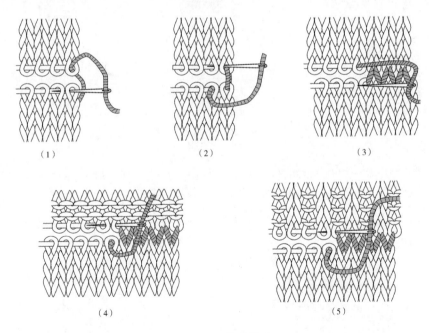

（1）　　　　　　　　（2）　　　　　　　　（3）

（4）　　　　　　　　（5）

图8-2-4　接缝线迹

5. 收口

缝边机械不能形成与织物中线圈结构串套一致并封闭的线圈线迹，必须采用手缝方式收口，又称锁边、关边，成光滑不脱散的线圈边缘。单面平针织物需使用1+1罗纹法收口。1+1罗纹、2+2罗纹的收口方法分别如图8-2-5、图8-2-6所示。

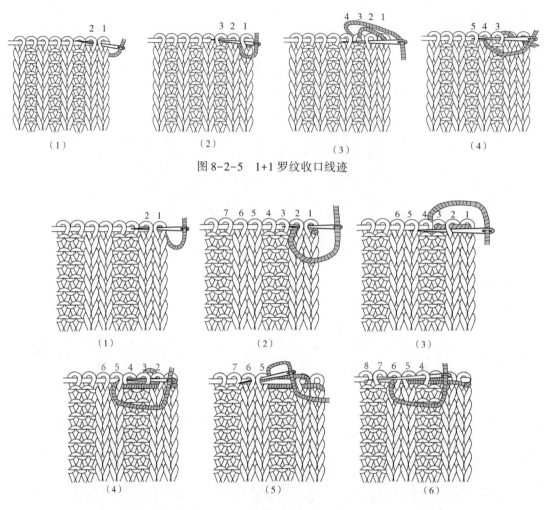

图 8-2-5　1+1 罗纹收口线迹

图 8-2-6　2+2 罗纹收口线迹

6. 缭缝

缭缝是将两片衣片缭在一起的缝合方法，常用一转缝一针，缝耗为半条辫子的缝合方法。移圈收针关边或钩针锁边的衣片缝合可采用缭缝，折底边也可采用缭缝。缭缝主要用于缝毛衫的下摆边、袖口边、裙摆边等。如图 8-2-7 所示为双层折边的缭缝，如图 8-2-8 所示为罗纹缭缝，又称缭罗纹。

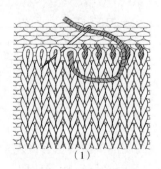

图 8-2-7　双层折边缭缝线迹

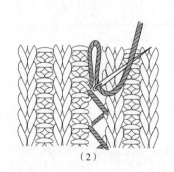

图 8-2-8　罗纹缭缝线迹

7. 钩针链缝

采用钩针用链式缝迹将两片织物缝合在一起的方法。钩针链缝可用于毛衫的肩缝、摆缝、袖底缝等处的缝合（图8-2-9）。

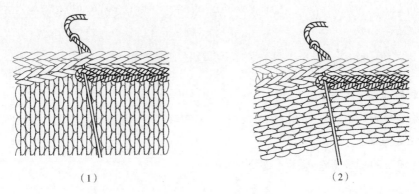

（1）　　　　　　　　　　　（2）

图8-2-9　钩针缝合线迹

（二）开、留纽眼

1. 编织过程中开纽眼

多针横向纽眼开留方法如图8-2-10（1）所示，单针纽眼如图8-2-10（2）所示，2针纽眼如图8-2-10（3）所示。

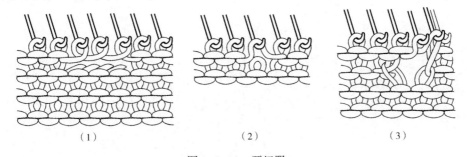

（1）　　　　　　　　（2）　　　　　　　　（3）

图8-2-10　开纽眼

2. 添线留纽眼或剪纽眼缝眼

如图8-2-11（1）、（2）所示为添线留纽眼，如图8-2-11（3）～（5）所示为剪纽眼，如图8-2-11（6）所示为缝针锁边。

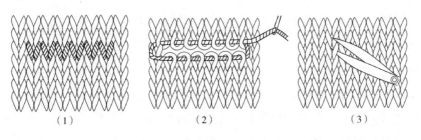

（1）　　　　　　　　（2）　　　　　　　　（3）

图8-2-11

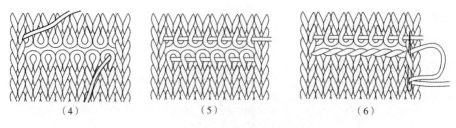

(4)　　　　　　　　　(5)　　　　　　　　　(6)

图 8-2-11　添线留纽眼或剪纽眼缝眼（续）

3. 勾线做纽眼

勾线做纽眼的形成方法如图 8-2-12 所示。

4. 穿线做纽眼

穿线做纽眼的形成方法如图 8-2-13 所示。

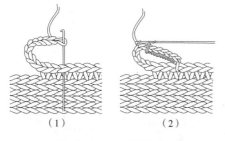

(1)　　　　　　(2)

图 8-2-12　勾线做纽眼

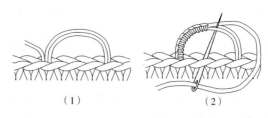

(1)　　　　　　(2)

图 8-2-13　穿线做纽眼

（三）挑绣

挑绣分为十字绣与人字绣两
种，分别如图 8-2-14（1）、（2）
所示。

（四）修补

1. 线头处理

起头、收边、换线操作时应

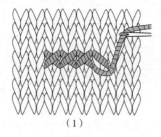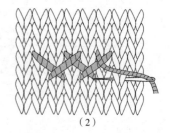

(1)　　　　　　　　　(2)

图 8-2-14　挑绣

保留 10~12cm 的线头，成衫时应将线头沿横列或纵行穿缝进织物中，但注意穿缝时不要
使线头露在织物正面，可使用缝针或小型舌针钩圈器穿缝。

2. 破洞修补

沿线圈横列断纱造成破洞时，可按接缝方法接套缝合，如图 8-2-15（1）所示；沿线
圈纵行断纱造成脱散时，可用舌针钩针器沿正面自下而上逐个编织，最后按接缝法缝合，
如图 8-2-15（2）所示；纬线多根断裂形成大的破洞时，可先补搭纬线，再按纵行绣针法
逐行织补，并把补搭的纬线织入绣圈内，如图 8-2-15（3）所示。

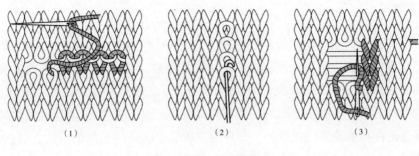

图 8-2-15　修补

第三节　羊毛衫的整理

羊毛衫后整理可以赋予羊毛衫服装良好的尺寸稳定性和独特的外观效果。近几年来，随着人们崇尚自然，追求健康，向往绿色的消费潮流，羊毛衫后整理行业也发生了巨大的变化，从软件到硬件都有较大的提升。各类新技术、新工艺、新设备、新型染料助剂、新的控制手段、新的品质标准得到应用，提高了羊毛衫服装的档次，出现了大量的功能性、绿色环保产品。羊毛衫的后整理工艺通常是指将衣片缝合成衣后，到达成品前所需经过的整理工艺，主要包括缩绒、整烫、特种整理、装饰、洗涤及保存等。

一、起绒整理

（一）缩绒

动物毛纤维在湿热及化学试剂作用下，经机械外力反复挤压，纤维集合体逐渐收缩紧密，并相互穿插纠缠，交编毡化，这一性能，称为毛纤维的缩绒性。利用这一特性来处理羊毛衫的加工工艺称为羊毛衫的缩绒，缩绒（俗称缩毛）是羊毛衫后整理中的一项主要内容。目前缩绒工艺主要应用于山羊绒、绵羊绒、驼绒、牦牛绒、兔毛、羊毛、羊仔毛、马海毛、雪兰毛等粗纺类毛衫中。精纺毛衫也常以常温、短时间作净洗湿整理或轻缩绒整理以改善外观。毛衫经缩绒整理可改善毛衫的手感、外观，并提高织物的保暖性。毛衫缩绒整理的效果主要有以下几个方面：①缩绒能使织物质地紧密、长度缩短、平方米重量与厚度增加、强力提高、弹性与保暖性增强。②毛衫经缩绒后，织物表面露出一层绒毛，可收获外观优美，手感丰满、柔软、滑糯的效果。③缩绒能使织物表面露出一层绒毛，这些绒毛能覆盖毛衫表面的轻微疵点，使其不会明显地暴露在织物表面。总之，羊毛衫的缩绒整理是提高毛衫的品质及改善质量、增强毛衫外观吸引力的主要手段。

（二）拉毛

拉毛（又称拉绒）也是羊毛衫的后整理工艺之一，经过拉毛工艺，可使服装表面产生细密的绒茸，手感柔软、松朴，外观丰满，保暖性增强。拉毛可在织物正面或反面进行。拉毛与缩绒的区别在于：拉毛只在织物表面起毛，而缩绒则是在织物两面和内部同时出毛；拉毛对织物的组织有损伤，而缩绒不损伤织物的组织。拉毛工艺既可用在纯毛衫上，也可用在混纺毛衫与腈纶等纯化纤衫上。目前应用最多的是对毛衫中不具有缩绒特性的腈纶等化纤产品（衫、裤、裙、围巾、帽子等）进行拉毛处理，以此来扩大其花色品种。目前针织圆机坯布拉绒一般采用钢针拉绒机，其结构与棉针织内衣绒布拉绒机基本相同。横机生产的毛衫产品一般进行成衫拉绒，为了不使纤维损伤过多和简化工艺流程，通常不采用钢针拉毛机，而用刺辊拉毛机来做干态拉毛。

（三）砂洗

将羊毛衫在化学药剂和一定温度下使毛纤维膨化、鳞片张开，然后使用一种特殊的"砂"，在机械作用下，对毛纤维鳞片进行由表及里地摩擦。砂的颗粒细小，能深入毛纤维的微原纤和原纤的大小间隙中进行摩擦，这种摩擦不仅是顺、逆向摩擦，而且是一种阻尼摩擦，可使毛纤维鳞片的尖部变得平坦，使织物表面绒面致密丰满，手感柔糯、滑爽，具有飘而垂、柔而挺、厚而松的独特质感，而且具有一定的防缩效果。这种整理工艺称为羊毛衫的砂洗。

（四）植绒与簇绒

1. 植绒

羊毛衫植绒主要是采用高压静电进行的静电植绒。通过植绒可以获得绒毛短密、精细、色彩鲜艳的绒面效果。植绒常用于精纺细针类毛衫中。

植绒处理的工艺流程为：首先将毛衫衣片印涂黏合剂（按设计花型进行），然后进行高压静电植绒（绒毛长度保持在 0.3~0.8cm），接着进行烘燥（60~80℃）、熔烘（110~120℃，10~15min）、静置（24h）、清除浮绒、缝合成衣，最后蒸烫定形。

2. 簇绒

羊毛衫的簇绒主要是采用针刺法簇绒。通过簇绒可以获得绒毛丰满、蓬松柔软、立体感强的绒面效果。簇绒常用于粗纺粗针类毛衫中。

簇绒处理的工艺流程为：首先对毛衫衣片进行针刺簇绒（按设计花型进行），然后通过缩绒、脱水、烘干、缝合成衣，最后蒸烫定形。

二、印染整理

（一）漂白与染色

漂白与染色能消除针织成形服装表面色斑和污渍等各种疵点，赋予服装靓丽的色泽，有助于产品质量的提高。采用成衫漂白与染色，可先织成一定款式的白坯毛衫，然后根据市场上流行色的变化来进行有效的成衫漂白与染色，使其能较好地适应市场对毛衫色泽的小批量、多品种的需求。

（二）扎染

扎染是指按照设计意图，在针织成形织物或服装需要的花纹部位用线捆、缝或做一定的折叠，再用线绳捆扎牢固，使织物产生防染作用，然后染色，染色后拆去捆扎线或缝线，织物上便呈现出一定花纹图案的染色方法。

（三）印花

羊毛衫的印花是指在毛衫上直接印上一定色彩图案的整理。印花毛衫具有花型变化多、色泽鲜艳、图案逼真、手感柔软的特点，具有提花毛衫所未有的或难以达到的优越性，因此，印花毛衫越来越受到消费者的青睐。羊毛衫既可以进行局部印花又可以进行全身印花。

近几年来，随着计算机技术在印花上的应用，出现了机电一体化的数码喷射印花技术。数码喷射印花是与计算机辅助设计（CAD）系统相结合，将图案或照片通过扫描仪或数码相机数字化输入到计算机进行处理，或采用 CAD 系统设计图案，在显示屏上认可满意后，生成数字信息，然后将染料浆按花型图案的要求，用数码喷射印花机直接喷射到毛衫衣片上形成花型图案。这是一种清洁的、环保性好的高科技印花技术。该技术能适应高品质、小批量、多品种的市场需求。

三、洗水整理

羊毛衫的洗水整理，是指将成衣后或染色后的服装进行洗水处理，以使针织服装的线圈松弛、尺寸稳定、手感柔软滑爽，透气性、吸湿性良好，去除油污异味的过程。羊毛衫除常用的动物毛类需要缩绒整理以外，其他纱线纤维原料的毛纱则不需要进行缩绒整理而需要进行洗水整理。

手感整理的原理是使助剂分子渗透到纱线内部或纤维内部，脱水烘干后，助剂分子留在纤维之间（或在大分子之间）产生了润滑作用，使线圈松弛易于弯曲、内应力消失，使织物柔软；部分助剂留在纱线表面，手感滑爽。

四、特种整理

（一）防起球整理

羊毛衫的起球现象严重影响了其外观质量和服用性能，因此，必须对质量要求较高的羊毛衫进行防起球整理。羊毛衫的防起球，主要通过对羊毛衫进行防起球后整理来实现。

目前，国内常用的防起球整理工艺主要有轻度缩绒法和树脂整理法两种，一般后者效果较好。

（二）防缩整理

利用毛纤维优良的缩绒性，对毛衫进行缩绒处理，可使其绒面丰满、手感柔软、服用性能得到很大提高。然而，毛纤维的缩绒性又给毛衫的服用带来不便，特别是毛衫在洗衣机洗涤过程中易产生严重毡缩甚至毡并的现象，因此，必须对其进行防缩处理。目前国际羊毛局（I. W. S）已定出毛衫洗涤毡缩的"机可洗"标准和"超级耐洗"标准。

（三）防蛀整理

羊毛衫在储存和服用过程中，常会发生虫蛀现象，致使服装遭受破坏，因此，应对羊毛衫进行防蛀处理。羊毛衫的防蛀有多种方法，大体可分为：物理性预防法、抑制蛀虫生殖法、羊毛化学改性法、防蛀剂化学驱杀法四大类。

（四）易去污和拒污整理

衣服穿着后就难免附着污物，洗涤是一种烦琐的劳动，而且会加速损伤织物。随着现代生活节奏的加快，人们对毛衫提出了易护理的要求。因此易去污和拒污整理越来越受到人们的关注。其机理是将油污/织物的界面变成油污/水和织物/水两个界面，使毛衫织物的油污粒子转入洗涤液中。目前易去污整理剂多采用丙烯酸和丙烯酸酯共聚物。整理工艺为：先进行二浸二压（室温，压染率60%），然后通过预烘（80℃）、拉幅、焙烘（160℃，3~5min）、皂洗（60~65℃，皂洗浓度为肥皂2~4g+纯碱2g/L）、热水洗（60~65℃）、冷水洗，最后脱水并烘干。易去污整理应严格控制好工艺条件，否则影响效果。

（五）防紫外线辐射整理

随着臭氧层不断遭到破坏，紫外线的辐射强度剧增，对人类健康已构成较严重的威胁。有资料显示，臭氧层每减少1%，紫外线辐射强度就增大2%，患皮肤癌的可能性将提高3%。此外，臭氧层的破坏还可能引起人类免疫功能下降，损伤皮肤基因。因此，毛衫服装的抗紫外线整理已显得日益重要。目前，防紫外线整理的方法主要有两种，即浸轧法和涂层法。防紫外线剂主要有两大类，一类是紫外线反射剂，另一类是紫外线吸收剂。紫外线反射剂主要是金属氧化物，例如氧化锌、氧化铁等。紫外线吸收剂能将光能转化，即将高能量的紫外线转化成低能量的热能或波长较短、对人体无伤害的电磁波，目前主要有二苯甲酮和苯并三唑类。

（六）芳香整理

芳香整理使毛衫服装在固有的防护、保暖和美观的功能外，又增加了嗅觉上的享受和净化环境的作用。对毛衫产品进行芳香整理的关键是保证香味的持久性。整理方法主要有两类，即普通浸轧法和微胶囊法。普通浸轧法的操作简单且前期香味较浓，但香味只能保持 1 个月左右。因此，对于高档的毛衫产品大多采用微胶囊法。微胶囊法是将芳香剂包裹在微胶囊中，在毛衫服装浸泡芳香整理剂后，微胶囊包裹着芳香剂与织物结合，只有在穿着过程中人体运动时微胶囊的囊壁受到摩擦或压力破损后才将香味释放出来，因此，可以保证香味的持久性。

(七) 纳米整理

21 世纪的三大高新技术为纳米技术、生物工程和信息技术。近年来，纳米技术的发展非常迅速，在全世界兴起了一股"纳米热"。纳米材料是指粒度在 $1 \sim 100nm$ 的材料。当材料的粒度小到纳米尺寸后，可产生许多特殊的效应，主要有量子尺寸效应、小尺寸效应、表面效应、宏观量子隧道效应、介电限域效应、光催化效应等。上述综合效应的结果，使得纳米粒子的力、热、光、电、磁、化学性质与传统固体相比有显著的不同，显示出许多奇异的特性。把某些具有特殊效应的纳米级粉体（如纳米级的 TiO_2、ZnO、Al_2O_3、Ag、SnO_2、SiO_2 和纳米碳管等）加入毛衫中，可开发出功能性的毛衫。目前主要有远红外、防紫外、防菌、防螨、负离子、吸波、抗静电、防水拒油、自清洁等纳米功能性纺织品。总之，纳米技术的出现，为功能性纺织品的开发开辟了一条新的途径。随着新技术的发展，未来的纺织品还可能集多种功能于一身，如同时具有防菌、远红外、负离子、自清洁等功能，可以获得更好的效果。

五、蒸烫整理

蒸烫定形是羊毛衫后整理的最后一道工序，也是十分重要的工序。蒸烫定形的目的是使羊毛衫具有持久、稳定的标准规格，外形美观，表面平整，具有光泽，绒面丰满，手感柔软且滑糯，富有弹性并有身骨。蒸烫定形一般需经过加热、给湿、加压和冷却四个过程才能完成。这四个过程是紧密联系、相辅相成的，只有各个过程配合得好，才能使服装获得理想的定形效果。羊毛衫蒸烫定形分蒸、烫、烘三个大类，其中烫用得最为普遍，烫即为熨烫，通常由蒸汽熨斗或蒸烫机来完成，能适用于各类羊毛衫及衣片的定形。纯毛类产品一般按规格套烫板（或烫衣架），用蒸汽熨斗或蒸汽机蒸汽定形，定形温度一般为 $100 \sim 160℃$，蒸汽压力一般控制在 $350 \sim 400kPa$。腈纶等化纤类产品常用低温蒸汽定形，温度在 $60 \sim 70℃$，蒸汽压力控制在 $250kPa$ 左右。蒸烫整理应按产品的款式、规格与平整度要求进行，应确保产品的风格与质量。

六、检验分等

羊毛衫成品检验是产品出厂前的一次综合检验，其目的是为了保证出厂产品的成品质量。成品检验的内容包括外观质量（尺寸公差、外观疵点等）、物理指标、染色牢度三个方面。内销产品，需按中华人民共和国纺织行业标准进行成品检验和分等；外销产品，需按外商要求的检验标准进行成品检验和分等。

七、成品包装

将成品检验后的羊毛衫按销售、储存、运输的要求进行分等包装。应将服装的包装与有效的装潢结合起来，起到美化、宣传商品和吸引消费者的作用。包装分销售包装和运输包装。销售包装不仅对产品起保护清洁作用，包装上的商标艺术、色彩图案还能起到积极的宣传、推销作用。运输包装是把套上塑料袋的羊毛衫装盒（或单件精制盒装），按批再装入纸箱内，以使运输过程中产品不受损坏。

第四节　成衣工艺实例

羊毛衫成衣工艺的正确与否，不仅与产品的质量有关，而且还与经济效益等有内在的联系。因此，应在保证质量的前提下，选定最短、最合理的工艺流程。

成衣工艺流程的制定一般包括裁剪、缝合、整烫、修饰、清杂、检验、包装等内容，产品的品种不同，成衣工艺的内容也不同，但各工序应根据产品协调、合理地排列，尽可能采取流水线作业，防止流程倒流。

一、71.4tex×2（14 公支/2）驼绒 V 领男开衫

（1）套口：在 12 针合缝机上，缝线用同色 28tex×2 羊毛线，合肩、装袖，从收针花（收针辫子）外第 6 横列起套，纵向套 1 针（正面保持 3 针），横向套在第 3 横列的线圈中。

（2）烫领（小烫）：烫平前身领口。

（3）裁剪（小裁）：按前身记号眼裁顺领口，便于裁剪。

（4）平缝：在平缝机上，面线用同色 17tex×3 棉线或 16tex×3 涤纶线，底线用同色 28tex×2 羊毛线缝制。领口卷边从前身右领尖起，沿后领尖经至左领尖止，领襟缝在第 3 针中。门襟放在前身衣片正面，对准下摆、袋、V 领口、后领粉线，从右襟下摆边口起缝到左襟下摆边口止，缝耗控制在 3~4 针，门襟缝半条针纹，起始、结束加固回针 2cm。

（5）链缝：在 24KS 缝纫机上缝合，缝线用 28tex×2 羊毛线，合大身缝和袖底缝，缝耗控制在 2~3 针，起始、结束加固回针 2cm。也可在 12 针合缝机上合大身缝和袖底缝。

（6）手缝：用同色 28tex×2 羊毛线作缝线，缝下摆罗纹、袖口罗纹；按工艺要求缝袋底，缝袋带先抽出袋口夹纱（机头纱），由袋的一端均匀缝至另一端，两端高低应相等；按门襟宽窄规格缝门襟两端，边口与罗纹平齐；腋下接缝交叉处加固回针 5~6cm。

（7）半成品检验：用灯柱进行检验，防止缝纫疵点漏入后工序。

（8）缩绒：温度 35℃ 左右，浴比 1∶30，助剂用 209 净洗剂，用量为 1.5%，时间 5~8min，参照绒度标样，过清水 2 次，脱水后在圆筒烘干机中烘干。

（9）裁剪（小裁）：剖开前身抽针处，裁配丝带（丝带长＝衣长－领深+3cm+丝带回缩 0.5~1cm），并按规定画粉线。

（10）平缝：在平缝机上，用 17tex×3 同色棉线作面线，用 28tex×2 同色羊毛线作底线上丝带，上丝带时两端各留出 1cm，丝带两端对齐粉线折进至罗纹边口 0.2cm，外侧退进门襟带抽针，针迹缝在第一条针纹里。

（11）烫门襟（小烫）：覆盖湿布、烫平门襟，便于画粉线、锁纽扣眼。

（12）画、锁纽扣眼：按扣眼数在左门襟反面画粉线，在领深规格处画第一点粉线，下摆罗纹居中处一点，中间均匀等分画线；采用凤眼式锁纽扣孔机锁孔，以 29tex×6 嵌线，同色 17tex×3 棉线作锁眼线。

（13）钉纽扣：在右襟上手工缝钉 26 号有机四眼扣（5 粒）。

（14）清除杂质：清除草屑和杂毛。

（15）烫衣：按规格套烫板，用蒸汽熨斗或蒸烫机汽蒸定形。熨烫温度为 100~200℃，注意成品造型及规格。

（16）钉商标：按规定钉商标及尺码、加带。

（17）成品检验：核对标样，检验成品规格并分等。

（18）包装：按要求分等级包装。

二、35.7tex×2（28 公支/2）羊绒圆领女套衫

（1）套口：在 14 针合缝机上，用同色 35.7tex×2 强捻羊绒线（或同色 28tex×2 羊毛线）为缝线，合肩、绱袖、缝摆缝和袖底缝，绱领。

（2）手缝：用同色 35.7tex×2 强捻羊绒线（或同色 28tex×羊毛线）为缝线，缝下摆罗纹和袖口罗纹，缝领边接缝，腋下接缝交叉处加固回针 5~6cm。

（3）半成品检验：用灯柱进行检验，防止缝纫疵点漏入后工序。

（4）缩绒：温度 38~40℃，浴比 1∶30，助剂用 M-22 型枧油和 E-22 型柔软剂，用量各为 3%，时间 5~8min，缩绒前浸泡 10min，参照绒度标样进行，过清水 2 次，脱水后在圆筒烘干机中烘干。

（5）清除杂质：清除草屑和杂毛。

（6）烫衣：按规格套烫板，用蒸汽熨斗或蒸烫机汽蒸定形，熨烫温度为 100℃ 左右，注意成品款式及规格。

（7）钉商标：按规定钉商标及尺码。

（8）成品检验：核对标样，核验成品规格并分等。

（9）包装：按要求分等及包装。

三、28tex×2（36 公支/2）羊毛 V 领男套背心

（1）裁剪：在前身抽针处按样板裁顺 V 领。

（2）套口：在 14 针合缝机上，用同色 28tex×2 羊毛线为缝线，合肩、绱领、绱挂肩带、缝摆缝。

（3）手缝：用同色 28tex×2 羊毛线为缝线，缝下摆罗纹，缝 V 领领尖和挂肩带边缝。

（4）半成品检验：防止缝纫疵点漏入后工序。

（5）缩绒（轻缩）：温度 30℃左右，浴比 1∶30，助剂为 209 净洗剂，用量为 0.4%，时间 3min，参照绒度标样进行，过清水 2 次，脱水后经圆筒烘干机烘干。

（6）清除杂质：清除草屑和杂毛。

（7）烫衣：按规格套烫板，用蒸汽熨斗或蒸烫机汽蒸定形，温度 100℃左右，注意成品款式及规格。

（8）钉商标：按规格钉商标及尺码。

（9）成品检验：核对标样，检验成品规格并分等。

（10）包装：按要求分等级包装。

四、2×62.5tex×2（16 公支/2×2）毛/腈男长裤

（1）套口：在 8 针合缝机上，用同色 62.5tex×2 毛/腈线为缝线，缝合内侧摆缝。

（2）手缝：用同色 62.5tex×2 毛/腈线为缝线，缝方块、直裆、裤门襟、缝腰罗纹并穿 2.5cm 宽的松紧带，缝裤口罗纹。

（3）半成品检验：防止缝纫疵点漏入后道工序。

（4）缩绒：温度 34~36℃，浴比 1∶30，助剂为 209 净洗剂，用量为 1.5%，时间 10~15min（缩绒前浸泡 15min），参照绒度标样进行，过清水 2 次，脱水后在圆筒烘干机中烘干。

（5）清除杂质：清除草屑和杂毛。

（6）熨烫：按规格套烫板，用压平机低温（70~80℃）蒸汽定形，防止坯布太软，注意成品款式和规格。

（7）钉商标：按规定钉商标及尺码。

（8）成品检验：核对标样，检验成品规格并分等。

（9）包装：按要求分等级包装。

五、55.6tex×2（18 公支/2）牦牛绒喇叭裙

（1）套口：在 12 针合缝机上，用同色 28tex×2 羊毛线为缝线，合裙摆缝。

（2）手缝：用同色 28tex×2 羊毛线为缝线，缝腰罗纹并穿 2.5cm 宽的松紧带，加固各交叉点。

（3）半成品检验：防止缝纫疵点漏入后工序。

（4）缩绒：温度 38~40℃，浴比 1∶30，助剂用 M-22 型枧油和 E-22 型柔软剂，用量各为 3%，时间 5~8min，缩绒前浸泡 10min，参照绒度标样进行，过清水 2 次，脱水后在圆筒烘干机中烘干。

（5）清除杂质：清除草屑和杂毛。

（6）蒸烫：用蒸汽熨斗或蒸烫机汽蒸定形，熨烫温度为 100℃左右，注意成品款式及规格。

（7）钉商标：按规定钉商标及尺码。

（8）成品检验：核对标样，检验成品规格并分等。

（9）包装：按要求分等级包装。

实训项目：羊毛衫成衣设计与上机

一、实训目的
1. 主要训练理论联系实际的能力。
2. 羊毛衫衣片缝制设备的选择。
3. 上机缝制实际操作的能力。

二、实训条件
1. 缝制所需要的各种纱线。
2. 调试设备所用的扳手、螺丝刀等。
3. 套口缝合用套口机、手缝用缝针。
4. 天平、圆刀、烘干机、强力仪等。

三、实训项目
1. 设计衣片用缝迹。
2. 选择缝制用线。
3. 调试设备。
4. 缝制实践操作。
5. 撰写报告。

四、操作步骤
1. 设计衣片用线迹。单线链式线迹及成缝过程。
2. 选择缝制原料。根据产品原料用途等选择缝线。
3. 选择设备及参数。
4. 上机缝制。
5. 分析结果。

参考文献

[1] 武传海译．Adobe Illustrator CS6 中文版经典教程［M］．北京：人民邮电出版社，2017．

[2] 亿瑞设计．Photoshop CS6 从入门到精通［M］．北京：清华大学出版社，2017．

[3] 倪一中．针织服装 CAD 与应用［M］．上海：东华大学出版社，2008．

[4] 姚晓琳．横机羊毛衫生产工艺与 CAD［M］．北京：中国纺织出版社，2012．

[5] 陈良雨．Illustrator 服装款式设计与案例精析［M］．北京：中国纺织出版社，2016．

[6] 龙海如．针织学［M］．北京：中国纺织出版社，2014．

[7] 孟家光．羊毛衫设计与生产工艺［M］．北京：中国纺织出版社，2006．

[8] 黄利筠．ILLUSTRATOR 时装款式设计［M］．北京：中国纺织出版社，2009．

[9] 宋广礼．针织物组织与产品设计［M］．北京：中国纺织出版社，2014．

[10] 陈继红．针织成形服装设计［M］．上海：东华大学出版社，2011．

[11] 匡丽赟．针织服装设计与 CAD 应用［M］．北京：中国纺织出版社，2012．

[12] 宋广礼．成形针织产品设计与生产［M］．北京：中国纺织出版社，2006．

[13] 张佩华．针织产品设计［M］．北京：中国纺织出版社，2008．

[14] 李华．羊毛衫生产实际操作［M］．北京：中国纺织出版社，2010．

[15] 黄学水．纬编针织新产品开发［M］．北京：中国纺织出版社，2010．

[16] 李世波．针织缝纫工艺（第二版）［M］．北京：中国纺织出版社，2003．

[17] 朱文俊．电脑横机编织技术［M］．北京：中国纺织出版社，2011．

[18] 郭凤芝．电脑横机的使用与产品设计［M］．北京：中国纺织出版社，2009．

[19] 毛莉莉．毛衫产品设计［M］．北京：中国纺织出版社，2009．

[20] 沈大齐．毛衫设计与编织机操作［M］．北京：中国轻工业出版社，1997．

[21] 杨荣贤．横机羊毛衫生产工艺设计［M］．北京：中国纺织出版社，2008．

[22] 汪青．成衣染整［M］．北京：化学工业出版社，2009．